代数方程式のはなし

A Dogmatic Introduction to
Algebraic Equations

今野 一宏 著

内田老鶴圃

本書の全部あるいは一部を断わりなく転載または
複写(コピー)することは，著作権および出版権の
侵害となる場合がありますのでご注意下さい．

口　上

　2次方程式の解法は高等学校までに習う．2次式の判別式は，大学の入学試験では根と係数の関係[*1]にからんだ対称式の計算などと共に極めて重要な頻出事項とされている．しかし，大学で学ぶ数学では，それらを使う機会は滅多にない．不思議なくらいである．日々の進歩に遅れをとらないようにと，いろいろな事柄を習得済みとして先を急がねばならない事情はあるにせよ，これでは小学校で習った「帯分数」や「つるかめ算」などと同じで，何のために苦労して身につけたのかわからない．また，3次方程式や4次方程式の解法に至っては，16世紀の昔から根の公式が知られているにもかかわらず，21世紀の現在でも正式に教わる機会はまずない．理学部数学科の学生ならば，代数学の講義で「ガロア理論」を習う際に，あるいは耳にするかもしれない．しかし，そのときにはもっと「洗練された」代数を勉強するのに精一杯で，残念ながらほとんど記憶に残らないであろう．また，5次以上の代数方程式には根の公式が存在しないというルフィニ・アーベルの定理についても同様で，それだけを目標にするのなら，わざわざ大仕掛けの道具を振り回す必要などないのだけれど，どうして公式が不可能なのかを原理的にきちんと理解して卒業する学生はそんなに多くないように感じる．数学を教えて生計を立てている身としては，抽象的で難しい代数に振り回されて代数アレルギーを起こす前に，ぜひどこかでこのような事柄を学習してほしいと思うのだけれど．

　本書は，大学初年の理系学生向けの一般教養科目で（複素数係数の）代数方程式の解法を講義するために準備したノートに基づいている．実際の講義では2次方程式から始めて，3次方程式のいわゆる「カルダノの公式」や4次方程式のフェラーリの解法を紹介し，代数学の基本定理，5次以上の代数方程式の代数的非可解性までを解説した．また，方程式の解法の歴史を辿りながら，数学（特に代数学）がどのように発展してきたかについても触れた．これは，本書の第7章までの内容から正17角形の作図やアーベルの補題など

[*1] 今は「解」の公式，「解」と係数の関係というふうに習うらしいが，ここでは伝統を重んじて「解」ではなく「根」という．

i

を取り除いた部分に相当する．その講義ノートに散見した誤りを修正しつつ，面白そうな話題をいくつか付け加えてできたのが本書である．読者としては大学初年の学生や意欲のある高校生を念頭において，時には厳密さを多少犠牲にしても，なるべく少ない予備知識で読めることを優先した．実際，数式はたくさん出て来てしまうけれども，数学に興味のある高校生だったら第5章くらいまではその大部分をきっと読みこなせるだろう．しかしそれ以降は少しだけ，例えば置換のことなど，高校では習わない知識が必要になる箇所がある．とはいえ，そんなに高級な事柄ではないから，第1の目標であるルフィニ・アーベルの定理の証明までは何とか辿り着けるのではないだろうか．ただし，複素数は既知であることを前提にしている．基本事項を付録Aにまとめたので，必要ならそれを参照すればよい．

　方程式の話となると最後にガロアというスターを登場させて，ガロア理論の美しさを知らしめんとするのが慣例である．しかし，それには敢えて従わない．群論に立ち入った説明をある程度しなければならなくなるという技術的な理由がないわけではないが，第1の理由は全く個人的なことである．私はいわゆるスターが好きではないのだ．同じヒーローならばドン・キホーテのほうがよい．執筆しながら常に意識していたヒーローは，5次方程式を解くべく膨大な計算を実行して結局解けなかった17世紀の数学者チルンハウスと，5次方程式に根の公式がないことをおそらく人類史上最初に宣言したルフィニである．本書でいわゆる「アーベルの定理」（あるいは「アーベル・ルフィニの定理」）を敢えて「ルフィニ・アーベルの定理」と呼んでいるのは，正しくそういう理由からである．また，最終章で楕円関数を用いたエルミートの5次方程式の解法というハイレベルな内容に多少無理をして触れたのも，チルンハウス変換が陰で基本的な役割を果たしているからに他ならない．

　高次方程式の代数的非可解性に関するより体系的な記述は参考文献として挙げた本（特に[5], [6]）にあるので，一読されることをお勧めする．[8]は書名の通り高等学校で習う程度の知識で読めるように工夫された良書である．[1]は歴史的な経過に詳しく，数が図形から開放される過程を生き生きとわかりやすく描いている．[5]は長く読み継がれている名著だが，今となってはちょっと難しいかもしれない．ルフィニ・アーベルの定理の初等的でわかりやすい解説を目指して，本書と同じような趣旨で書かれたものは世にたく

さん存在するに違いない．著者が気がついた中からは[2]を挙げるに留める．[6]は古バビロニアからガロアに至る代数方程式の歴史を辿る形で記述されていて，ガロア理論にも触れている．

　本書を書くにあたり，[1]や[5]を大いに参考にした．特に，方程式の歴史については[1]に依るところが多い．

　最後に，執筆を勧めて下さった内田老鶴圃の内田学さんに心から感謝したい．

2013 年 12 月 　　　　　　　　　　　　　　　待兼山にて

　　　　　　　　　　　　　　　　　　　　　　今野 一宏

目次

口上 i

第1章 2次方程式　　1

1.1　縄張師 ·· 1
1.2　バビロニアの秘術 ·· 3
1.3　バビロニアの平方根 ··· 6
1.4　開平法 ·· 7

第2章 ギリシャの数学　　11

2.1　ピタゴラス教団 ·· 11
2.2　ギリシャの3大作図問題 ··· 13
2.3　ユークリッドの互除法 ·· 17
2.4　代数の始まり（言語代数） ··· 23

第3章 3次方程式　　27

3.1　デル・フェッロとタルターリャの解法 ······································ 27
3.2　カルダノ変換 ·· 30
3.3　残りの根は？ ·· 31
3.4　カルダノの公式の弱点 ·· 34
3.5　その他の解法 ·· 38
　　　3.5.1　ヴィエトの別証明 ·· 38

v

3.5.2　折り紙で3次方程式 ･････････････････････････････　38

第4章　4次方程式　　41

　4.1　フェラーリの解法 ･･････････････････････････････････　41
　4.2　デカルトの解法 ････････････････････････････････････　42
　4.3　オイラーの解法 ････････････････････････････････････　43
　4.4　巡回行列による解法 ････････････････････････････････　46
　4.5　方程式の始まり（省略代数から記号代数へ）･････････････　52

第5章　複素数の威力　　55

　5.1　正17角形の作図 ････････････････････････････････････　55
　　　5.1.1　ガウスの着想 ･･････････････････････････････････　56
　　　5.1.2　作図の実際 ････････････････････････････････････　60
　5.2　代数学の基本定理 ･･････････････････････････････････　62
　　　5.2.1　証明 ･･　63
　　　5.2.2　ガウスに至るまで ･･････････････････････････････　66

第6章　根の置換と対称式　　71

　6.1　根と係数の関係 ････････････････････････････････････　71
　6.2　置換と対称式 ･･････････････････････････････････････　73
　6.3　対称有理式と交代有理式 ････････････････････････････　79

第7章　根の公式は不可能　　85

　7.1　根の公式 ･･　85
　7.2　ラグランジュの省察 ････････････････････････････････　86
　7.3　対称性を壊すもの ･･････････････････････････････････　91

7.4	もう対称性は壊せない（ルフィニの定理） ·················	94
7.5	アーベルの補題 ·································	97
	7.5.1　素数乗根を付け加えること ····················	97
	7.5.2　入れ子になる有理式 ························	100

第8章　チルンハウス変換　　　　　　　　　　　　　　　　　107

8.1	ガロア ·····································	107
8.2	ニュートンの公式 ·······························	108
8.3	チルンハウスのアプローチ ··························	109
8.4	ブリングとジェラードの試み ·························	113

第9章　楕円関数と5次方程式　　　　　　　　　　　　　　　117

9.1	楕円関数 ····································	117
9.2	ヤコビの変換原理 ·······························	120
9.3	テータ関数 ··································	124
9.4	5次方程式を解く ·······························	127

付録A　複素数　　　　　　　　　　　　　　　　　　　　　131

付録B　問題略解　　　　　　　　　　　　　　　　　　　　135

参考文献　　　　　　　　　　　　　　　　　　　　　　　139

索引　　　　　　　　　　　　　　　　　　　　　　　　　141

第1章
2次方程式

　2次方程式の起源は古い．今から約4000年前の古バビロニアではすでにその解法が知られていた．バビロニアでは数が現在のように10進法で記されていたわけではなく，60進法が使われていた．現在でも60秒で1分，60分で1時間，あるいは1周で360度というように，時刻や角度に60を基本とする数え方が残されている．また，十二支も60進法の影響である．

1.1　縄張師

　古来，土地の面積を正しく測定することは人類にとって重要課題である．為政者は，しばしば起こる河川の氾濫の後始末として，土地の面積を再測定したり，あるいは同一地域に住むことが難しくなった場合には，代替として所有していたのと同じ面積の土地を分け与えなければならない．また，物資の運搬には運河の整備が必要不可欠であった．このような要請から，測量技術が必然的に発達するのである．

　古代エジプトでは「縄張師」と呼ばれる人たちが，ピラミッド建設にも深く関わる測量の仕事をしていた．彼らがどのような道具を利用して作業を行っていたかは定かではないが，それは亀井喜久男氏（富田学園 岐阜東高校）が考案した「エジプト紐」のようなものだったと想像される．

　長い紐の輪にそれを等間隔に12分割するような目印を付けたものを，エジプト紐という．その単純さとは裏腹に，エジプト紐を使うと実に多くの図形を作ることができる[1]．

---

[1]　銀林浩編「実験数学のすすめ」（国土社，1993）に収録の亀井喜久男「エジプトひもで古代文明に挑戦しよう 古代文明，幾何学の源流に学ぶ」

2　第1章　2次方程式

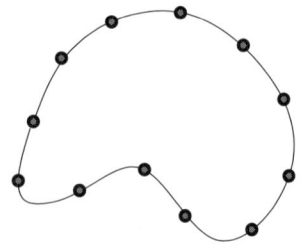

図 1.1　エジプト紐

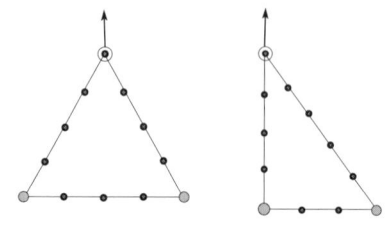

図 1.2　正3角形と直角3角形

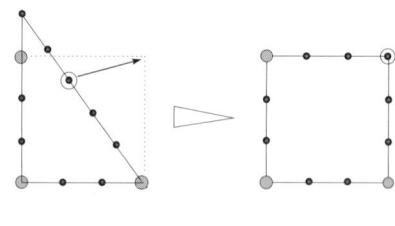

図 1.3　正方形

　1番目と5番目の目印をもってピンと張り，固定する．その後，9番目の目印をもって紐がたるまないように引っ張ると正3角形ができ上がる．同様に，1番目と4番目の目印で線分をつくり，その後9番目の目印を引っ張って3角形を作れば，それは3辺の長さがそれぞれ3，4，5の直角3角形となる．特に後者は重要である．すなわち直角を作る簡便な方法を提供しているからである．実際，この直角3角形を用いると，容易に正方形が作れる．安易に1，4，7，10番目の目印を引っ張って4角形を作ると，一般には4辺の長さが等しい4角形，すなわち菱形でしかない．

　また，エジプト紐と1本の棒を使えば，東西南北を正確に定めることが可能である．まず晴れの日を選んで，適当な位置 O に棒を垂直に立て，午前中の適当な時間に棒の影の先端に印 A を付ける．そしてじっと待っていれば，午後のある時間には棒の影の先端 B が OA=OB をみたす位置にくる．そうなったら棒を引き抜き，OA の長さが3単位となるようなエジプト紐を用意して，1番目の目印を A に，4番目の目印を O に，7番目の目印を B に重

なるように固定する．そして10番目の目印を引っ張って菱形を作れば，その対角線は東西および南北を指している．

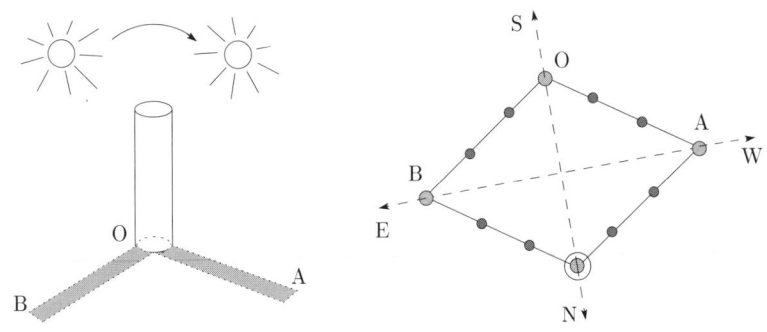

図 1.4 東西南北

1.2 バビロニアの秘術

　古バビロニアでも同様の紐によって測量が行われていた可能性がある．60進法を使っていたので，60等分されたエジプト紐が使われたかも知れない．この仮説に立てば，古バビロニアの縄張師たちは，河川の氾濫の後始末に際して，同じ長さの紐を用いて長方形状に土地を囲み，区画を決めていたものと想像される．大掛かりな測定を行う時間と労力を考えれば，これはとても簡単で合理的かつ便利な方法である．山が近くまで迫っていたり，川が蛇行して流れていたりするなどの地形上の問題があるので，同一の長方形による区画は不可能だから，実に様々な縦横比をもつ長方形が出現してしまうのは無理もない．そこに次のような迷信が生まれる余地が生じる．すなわち

周囲の長さが一定の長方形は，どんなものでも同じ面積である

　さて，もし上の事柄が簡単に見破られるような嘘なら文句が出ないわけがないが，百メートル単位の長い紐を使って区画を決めていたとすれば，ちょっと見ただけでは，自分の土地と隣の土地とでどちらが広いかなど，わかるはずがない．縄張師の中にも悪人はいただろうから，このような迷信を逆手に

4　第 1 章　2 次方程式

とって詐欺を働いていたのかも知れない[*2].

　1 辺の長さが a の正方形を考える．この正方形の横の長さを b だけ伸ばし，縦の長さを同じく b だけ短くすれば，周囲の長さが元の正方形と同じ長方形が得られる．

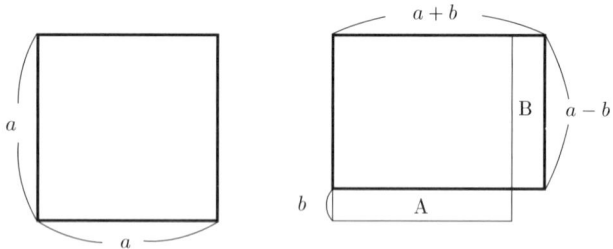

図 1.5　周囲の長さが同じ正方形と長方形

この 2 つの 4 角形の面積を比べよう．まず，正方形の面積は a^2 である．一方，長方形の面積は，正方形に比べて A の部分 ab が減り，B の部分 $b(a-b) = ab - b^2$ が増えているから，差し引き b^2 だけ減っている．特に，周囲の長さが同じでも面積は同じではない，と結論される．

　b は，長方形の長辺の長さから短辺の長さを引いて，それを半分にしたものだから，周囲の長さが同じ正方形と長方形について，公式

$$（正方形の面積）=（長方形の面積）+ \left(\frac{長辺の長さ - 短辺の長さ}{2}\right)^2$$

が成立する．

　実は，これが 2 次方程式の解法そのものである．2 次方程式 $X^2 - aX = b$ を解いてみよう．簡単のため $a > 0, b > 0$ とする．まず，$X(X-a) = b$ と変形する．左辺は，縦の長さ $X - a$，横の長さ X の長方形の面積を計算する式で，右辺はその答えが b だと解釈できる．この長方形の周囲の長さの半分は $X + (X - a) = 2X - a$ なので，周囲の長さが同じ正方形の 1 辺の長さは $X - a/2$ である．従って

[*2]　ここまでの話はフィクションです．

$$(\text{正方形の面積}) = \left(X - \frac{a}{2}\right)^2, \quad (\text{長方形の面積}) = b$$

$$(\text{長方形の}) \text{長辺の長さ} - \text{短辺の長さ} = X - (X - a) = a$$

だから，公式に代入して

$$\left(X - \frac{a}{2}\right)^2 = b + \left(\frac{a}{2}\right)^2$$

となる．両辺の平方根をとると

$$X - \frac{a}{2} = \pm\sqrt{b + \frac{a^2}{4}}$$

すなわち

$$X = \frac{a + \sqrt{a^2 + 4b}}{2}$$

である（測量に必要なのは正の数だけなので，マイナスの平方根の方は捨てた）．これがバビロニアの秘術，2 次方程式の解法である．

よく知られているようにバビロニア時代にはハンムラビ法典が制定され，楔形文字が刻まれた粘土板によって多くの文書が残された．その粘土板には数学に関する内容も数多く記されている．例えば，2 次方程式 $X^2 - X = 870$ を根の公式によって正確に解いているものがある．

粘土板 BM13901, no.2: 正方形の面積から，その 1 辺の長さを引いたら 870 だった．その正方形の 1 辺の長さを求めよ．

[**解**] 1 を半分にして 0.5 になる．0.5 と 0.5 を掛けて 0.25 になる．870 に 0.25 を加えて 870.25 となり，その平方根は 29.5 で，最初に計算した 0.5 を加えて 30 を得る．よって正方形の 1 辺の長さは 30 である． □

その他にも，次のような粘土板があるので，バビロニアの解法を用いて解いてみることをお勧めする．

粘土板 BM13901, no.6: 正方形の面積に，その 1 辺の 2/3 を加えると 7/12 になった．正方形の 1 辺の長さを求めよ．

粘土板 YBC6967: 長方形の長辺は短辺より 7 だけ長い．面積は 60 である．長辺と短辺の長さを求めよ．

1.3 バビロニアの平方根

2次方程式を解くためには平方根を計算する必要がある．バビロニアでは60進法で表した小数を用いて，正数 c の平方根の近似値を計算する方法が知られていた．ポイントは，$c \div \sqrt{c} = \sqrt{c}$ が成り立つことである．もし正の数 a が $\sqrt{c}$ に近ければ，割り算 $c \div a$ の答え b も $\sqrt{c}$ に近く，$\sqrt{c}$ は a と b の間にあることがわかる．

一例として，$c = 7$ つまり $\sqrt{7}$ を求めよう．まず $2^2 = 4 < 7 < 9 = 3^2$ より，$2 < \sqrt{7} < 3$ である．そこで 2 と 3 の中間値 $(2+3)/2 = 2.5$ を考え，$7 \div 2.5 = 2.8$ を計算する．これより $2.5 < \sqrt{7} < 2.8$ がわかるから，中間値 $(2.5 + 2.8)/2 = 2.65$ を考え，$7 \div 2.65 = 2.641\cdots$ を計算する．これから $2.64 < \sqrt{7} < 2.65$ がわかるので，中間値 $(2.64 + 2.65)/2 = 2.645$ を考え，$7 \div 2.645 = 2.6465\cdots$ を計算する．これから $2.645 < \sqrt{7} < 2.6466$ がわかるので，中間値 2.6458 を考え，$7 \div 2.6458 = 2.6457\cdots$ を計算する．すると $2.6457 < \sqrt{7} < 2.6458$ がわかる．以下同様に続けると，$\sqrt{7} = 2.6457513110645905905016157536393\cdots$ に限りなく近い値が計算できる．もっともバビロニアでは，このような無限小数ではなく，60進法による分数で表示された．例えば，$\sqrt{2}$ の近似値として

$$1 + \frac{24}{60} + \frac{51}{60^2} + \frac{10}{60^3} (= 1.41421296\cdots)$$

が知られていた．

上の方法は，数学的には次のように正当化される．$c > 1$ とする．まず，$a_0 = c, b_0 = 1$ とおく．$\sqrt{c}$ は a_0 と b_0 の間の数なので，その平均 $(a_0 + b_0)/2$ を a_1 とし，$c \div a_1 = b_1$ とおく．$\sqrt{c}$ は a_1 と b_1 の間の数なので，その平均 $(a_1 + b_1)/2$ を a_2 とし，$c \div a_2 = b_2$ とする．以下，順次 $a_{n+1} = (a_n + b_n)/2$, $c \div a_{n+1} = b_{n+1}$ として数列 $\{a_n\}, \{b_n\}$ を決めていく．相加平均と相乗平均の関係から

$$a_{n+1} = \frac{a_n + b_n}{2} \geqq \sqrt{a_n b_n} = \sqrt{c}$$

なので，$a_n \geqq \sqrt{c}$ であり，$a_n b_n = c$ より $b_n \leqq \sqrt{c}$ である．よって

$$a_{n+1} - a_n = \frac{b_n - a_n}{2} \leqq 0$$

つまり $a_{n+1} \leqq a_n$ だから，$\{a_n\}$ は有界な単調減少数列であり，収束する．$a_n b_n = c$ なので $\{b_n\}$ は単調増加数列である：

$$b_1 \leqq b_2 \leqq b_3 \leqq \cdots \leqq \sqrt{c} \leqq \cdots \leqq a_3 \leqq a_2 \leqq a_1$$

$a_{n+1} - a_n = (b_n - a_n)/2$ なので $\{a_n\}$, $\{b_n\}$ の極限値は一致し，それは $\sqrt{c}$ である．

1.4 開平法

　平方根を求める手段としては，日本でも古くから「開平法」が知られている．最近は高等学校までに習わないようなので，ここで紹介しよう．開平法は，割り算を筆算で行う通常のやり方とほぼ同様なのだが，多少複雑である．そこで，主運算と副運算の2つの計算に分けて実行することになっている．一般的な計算規則を述べるよりも具体例を見るほうがわかりやすいだろう．

　例えば，70946929 の平方根を計算する場合には，まずこの数を小さいほうの桁から 2 桁ずつに区切り 70|94|69|29 とする．一番左の 70 について□の2乗が 70 に一番近くなる自然数□をとる．□ = 8 がわかったら，副運算のほうで $8 + 8 = 16$ を計算し，主運算のほうでは $70 - 8 \times 8 = 6$ を計算したあと次の 2 桁をおろして，694 とする．今度は副運算のほうで，百六十□×□の値が，694 を超えずに一番近くなる数□を探す．□ = 4 がわかったら 164×4 の答え 656 を，主運算の 694 の下に書き，$694 - 656 = 38$ を計算したあと次の 2 桁をおろし，3869 とする．副運算の方では $164 + 4 = 168$ を計算する．次は副運算のほうで千六百八十□×□の値が，3869 を超えずに一番近くなる数□を探す．□ = 2 がわかったら $1682 \times 2 = 3364$ を主運算の 3869 の下に書き，$3869 - 3364 = 505$ を計算したあと次の 2 桁をおろし，50529 とする．副運算では $1682 + 2 = 1684$ を計算する．次に一万六千八百四十□×□が 50529 を超えず一番近くなるように□を決める．□ = 3 がわかったら $16843 \times 3 = 50529$ を主運算の 50529 の下に書き引き算する．すると零になるから，平方根はそれまで□として求めてきた数を並べて 8423 となる．

　左に副運算，右に主運算を書くとおおよそ次のようになる：

8　第1章　2次方程式

					8	4	2	3
	8				70	94	69	29
+	8				64			
	16	4			6	94		
+		4			6	56		
	16	8	2			38	69	
+			2			33	64	
	16	8	4	3		5	05	29
+				3		5	05	29
	16	8	4	6				0

この例では，自然数の平方根が求められたが，そうでない場合には小数点以下を2桁ずつおろして計算を続ける．例えば，$\sqrt{7}$ の計算は次のようになる．

					2.	6	4	5	7
2					7.	00			
2					4				
4	6				3	00			
	6				2	76			
5	2	4				24	00		
		4				20	96		
5	2	8	5			3	04	00	
			5			2	64	25	
5	2	9	0	7			39	75	00
				7			37	03	49
5	2	9	1	4			2	71	51

開平法がどのような原理に基づいているのか考えてみるとよい．

ゼロのこと

　すでに十分「ゼロ」に慣れ親しんでいる我々には意識する機会はあまりないのだが,「ゼロ」には2つの側面がある. 1つは空白を表す記号としての側面であり, 他方は数としての側面である. この2面性がゼロを特別なものにしてきた.

　「ゼロ」が使われだしたのは, やはり古バビロニアが最初であろう. ここで注意すべきは, それがどんな意味で使われたのか, ということである. 古バビロニアでは60進法を使った位取り記法が使われていた. 位取り記法においては「何もない位」を表す必要が生じる. 例えば, 2014において百の位の0は, 百の位には何もないことを表していて, そこに0が書いてあるお陰で, 2014と214を区別できるのだ. しかし単にそれだけが目的ならば, 0は数である必要はなく, 何もないことを表現できる目印ならば, 何でもよいのである. こういう意味の空白を表す記号が用いられたのは, 約紀元前400年のバビロニアが最初だと思われる.

　数としての「ゼロ」の発見はインドでなされたようである. 数とみなすためには, 加減乗除の演算規則が確立されている必要がある. ブラーマグプタは7世紀に, ゼロや負の数を含む演算規則を考察した. まず, 与えられた数からそれ自身を引いた答えとして0を定める. そして, 0足す負の数は負の数, 0足す正の数は正の数, 0足す0は0とした. 引き算は, 0引く負の数は正の数, 0引く正の数は負の数, 0引く0は0とした. 掛け算は, どんな数でも0を掛けると0であるとした. しかし, 容易に想像できることだが, 0で割り算するところで迷走してしまった.

第2章 ギリシャの数学

古代ギリシャの数学はユークリッド (BC325?–BC265?) の「原論」に代表される幾何学である．その中でもっとも有名なのは「ピタゴラスの定理」だろう．直角3角形の直角を挟む2辺の長さを a, b とし，斜辺の長さを c とすれば，等式
$$a^2 + b^2 = c^2$$
が成り立つ．これがピタゴラスの定理（3平方の定理）である．この等式をみたす3つの自然数 a, b, c をピタゴラス数というが，そのいくつか，例えば 3, 4, 5 とか 5, 12, 13 はバビロニアやエジプトでも知られていた．ピタゴラスの定理の証明は，今では百種類以上も知られている．

2.1 ピタゴラス教団

ピタゴラス (BC582?–BC497?) は「万物は数である」というスローガンの下，教団を組織して活動していた．かの教団のシンボルマークはペンタグラムという，正5角形とその対角線でできた星形である．

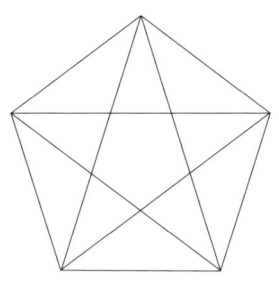

図 2.1 ペンタグラム

ギリシャでは，図形を作図するのに目盛りのない定規とコンパスを用いた．これだけの道具で，例えば，線分の垂直2等分線を引くことなどは簡単にできる．特に，与えられた長さの線分を2等分すること，および線分に垂線を立てることができる．また，角を2等分することもできる．

ピタゴラス教団の信者なら，当然シンボルマークを作図できなくてはいけ

12　第2章　ギリシャの数学

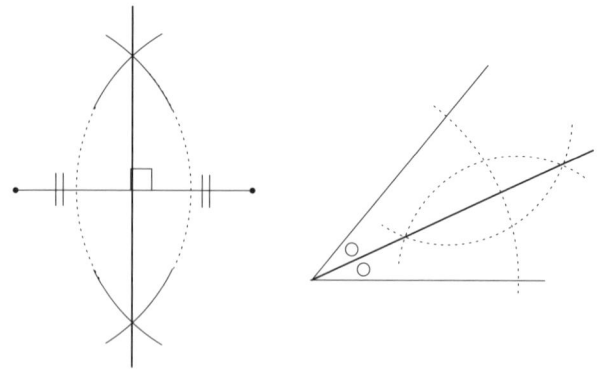

図 2.2　2 等分線

ない．具体的な正 5 角形の作図法は以下の通りである．

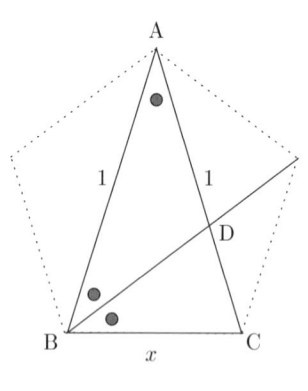

図 2.3

まず，正 5 角形の対角線の長さを 1 として 1 辺の長さを x とおく．図 2.3 において △ABC と △BCD は相似なので，AB : BC = BC : CD が成り立つ．よって $1 : x = x : 1-x$ だから，$x^2 + x = 1$ である．$x(x+1) = 1$ と変形し，バビロニアの解法を用いると，$(x+1/2)^2 = 1 + (1/2)^2$ がわかる．すると，ピタゴラスの定理から $x + 1/2$ は，直角を挟む 2 辺の長さが 1 と 1/2 であるような直角 3 角形の斜辺の長さである．すでに述べたように定規とコンパスを使えば，長さ 1 の線分を半分にして長さ 1/2 の線分を作ること，および線分に垂線を立てることはできるので，このような直角 3 角形は作図できる．その斜辺から長さ 1/2 の線分を取り除けばよいから，長さ $x = (\sqrt{5}-1)/2$ は作図可能である．

x が作図できれば，それを底辺とする 2 等辺 3 角形で等辺の長さが 1 であるものを作図するのは簡単である．この 2 等辺 3 角形の 2 つの等辺について，

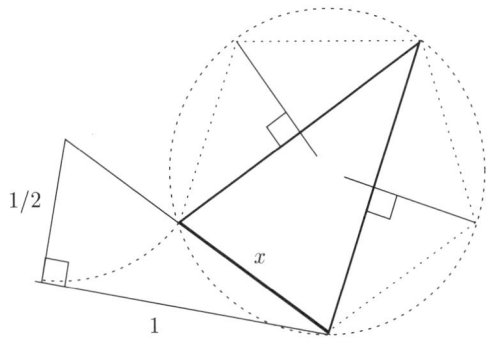

図 2.4 正 5 角形の作図

それぞれの垂直 2 等分線を描けば，それらは 2 等辺 3 角形の外心で交わる．図 2.4 のように等辺の垂直 2 等分線と外接円との交点を考えて，この 2 交点および 2 等辺 3 角形の 3 頂点の計 5 点について，隣り合うものを線分で順次結んでいけば，正 5 角形が得られる．

ちなみに $(\sqrt{5}-1)/2 : 1$ は，いわゆる「黄金比」である．これは最も美しくバランスのとれた比率だとされていて，古くから絵画，彫刻，建築などに取り入れられている[*1]．ペンタグラムには黄金比がたくさん隠されている．おそらくそういう理由から教団のシンボルに採用されたのだろう．どんなところに黄金比が隠れているか，探してみるのも面白い．

ピタゴラス教団は最後にはキリスト教に圧迫されて滅んだ．

2.2 ギリシャの 3 大作図問題

目盛りのない定規とコンパスだけでも実に様々な図形が作図できる．前節で正 5 角形の作図法をみたが，長さの加減乗除も作図できる．さらに，平方根さえ作図できる．参考までに掛け算と平方根の作図法を示すと，図 2.5 のようになる．

しかし，中にはどんなに頑張ってもどうしても描けないものもあった．次

[*1] ミロのビーナスはへそを境に上下が黄金比に分かれる．また，クフ王のピラミッド，ギリシャのパルテノン宮殿やパリの凱旋門には黄金比を見出すことができる．名刺やクレジットカード，ハイビジョンテレビの画面の縦横比も黄金比である．

14 第 2 章 ギリシャの数学

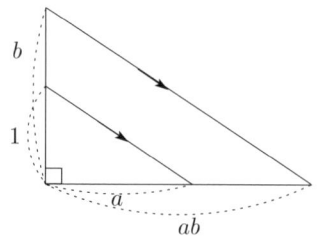 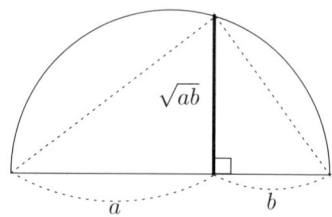

図 2.5 積と平方根

の 3 つがそうであり，その作図はギリシャの 3 大作図問題として後世に語り継がれていくことになる．

> (1) 与えられた立方体の体積を 2 倍にする（倍積問題）
> (2) 与えられた角の 3 等分
> (3) 与えられた円と同じ面積の正方形の作図（円積問題）

はじめの 2 つの問題は 3 次方程式と関係深い．まず最初の倍積問題．立方体の 1 辺の長さを 1 にすれば，体積が 2 倍の立方体の 1 辺の長さは $\sqrt[3]{2}$ であり，これは言うまでもなく 3 次方程式 $X^3 = 2$ の根である．次の角の 3 等分については 3 倍角の公式

$$4\cos^3\theta - 3\cos\theta = \cos 3\theta$$

を思い出せばよい．3 等分したい角が 3θ だとすれば，$\cos 3\theta$ を既知定数 C だとみなした 3 次方程式 $4X^3 - 3X - C = 0$ の根として 3 等分した角のコサインが現れる．

19 世紀になってようやく，これら 3 つの作図問題は目盛りのない定規とコンパスだけでは不可能であることが証明され，決着を見る[*2]．

しかし，道具を目盛りのない定規とコンパスだけに制限しなければ，角の

[*2] 角の 3 等分問題と倍積問題は，1837 年にヴァンツェル (Pierre Laurent Wantzel, 1814–1848) が「有理数の根をもたない有理数係数の 3 次方程式の根は作図不可能である」ことを証明し解決した．円積問題は，1882 年にリンデマン (Ferdinand von Lindemann, 1852–1939) が「π は超越数である」ことを示し，ようやく解決された．

3等分や $\sqrt[3]{2}$ の作図は可能なのである．参考までに，アルキメデスによる角の3等分をお目にかけよう．目盛りのある定規とコンパスを用いる．

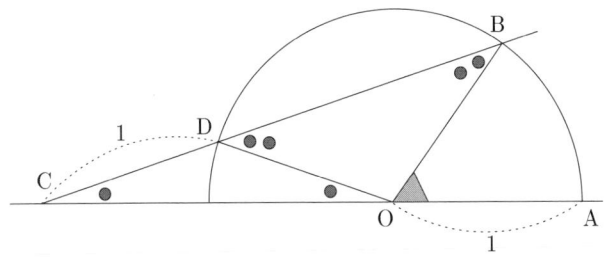

図 2.6 角の3等分

図 2.6 において3等分したい角は ∠AOB だとする．OA = 1 として，半径1の円を描く．線分 OA の延長線上の点 C を，線分 BC と円の交点 D について CD = 1 が成り立つようにとる．こうすれば，△DCO や △OBD が2等辺3角形であることから容易に，∠AOB = 3∠BCO が示される．定規に目盛りが必要になるのは，CD = 1 が成り立つように点 C をとる場面である．

目盛りのある定規の使用を嫌ったのは，プラトンらしい．

角を3等分する方法は，アルキメデスの方法以外にも知られている．まず，特別な曲線を用いる方法．極座標 (r, θ) を使って

$$r = 1 + 2\cos\theta \quad (0 \leq \theta < 2\pi)$$

で定義される曲線をリマソン (limaçon) という．点 P をリマソンの周上にとり，図 2.7 で ∠PAB を3等分することを考える．このとき実は ∠OPA が ∠PAB の3分の1なのである．これを見るために，点 A を中心とする半径1の円を描き，線分 OP との交点を Q とする．

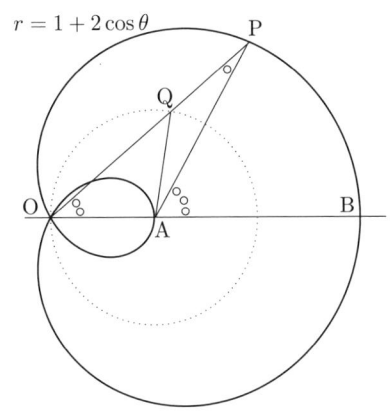

図 2.7 リマソンで角の3等分

16　第 2 章　ギリシャの数学

$\theta = \angle\text{POA}$ のときリマソンの定義式から $\text{OP} = 1 + 2\cos\theta$ であり 2 等辺 3 角形 $\triangle\text{AQO}$ に着目すれば

$$\text{OQ} = \text{OA}\cdot\cos\theta + \text{QA}\cdot\cos\theta$$
$$= 2\cos\theta$$

だから，PQ = 1 である．従って $\triangle\text{QAP}$ は QP=QA=1 の 2 等辺 3 角形だから，底角は等しい．これより $\angle\text{AQO} = 2\angle\text{OPA}$ がわかる．$\angle\text{POA} = \angle\text{AQO}$ だから，$\angle\text{PAB} = 3\angle\text{OPA}$ である．

次に折り紙を使う方法[*3]．まず，正方形の折り紙 ABCD を用意して，3 等分したい角 $\angle\text{PBC}$ をとる．B と A, C と D が重なるように紙を半分に折って折り目を EF とする．次に B と E, C と F が重なるように折って，折り目を GH とする．

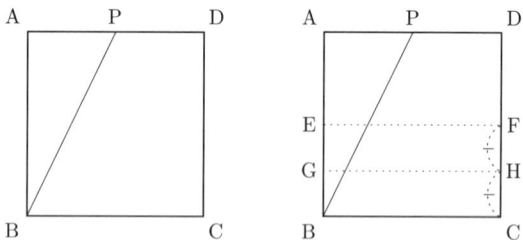

点 E が線分 BP 上に，点 B が線分 GH 上にくるように折る．G と重なる点を G′ とする．

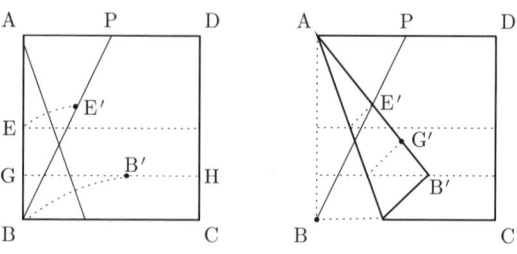

[*3] 阿部恒「すごいぞ折り紙―折り紙の発想で幾何を楽しむ」日本評論社，2003．"数学セミナー" 1980 年 7 月号の表紙に初出．

右上図において，B と G′ を通る直線で折り，折り目と折り紙の周との交点を Q とする．

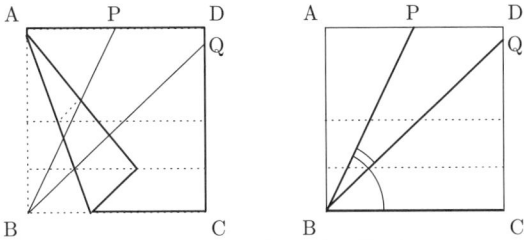

∠PBQ は ∠PBC の 3 分の 1 である．これは，下図のように合同な 3 つの直角 3 角形が見えることから明らかだろう．

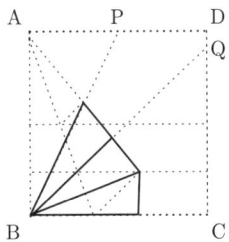

2.3　ユークリッドの互除法

　ギリシャ数学の集大成とも言えるユークリッド[*4]の「原論」は，紀元前 300 年頃のものとされる．幾何の公理系が有名だが，内容はそれだけに留まらない．その第 7 巻，命題 1 から 3 には今日ユークリッドの互除法と呼ばれている最大公約数を求めるアルゴリズムが記されている．

　2 つの整数 a, b に対して，その両方を割り切る整数を a と b の**公約数**という．また，公約数のうちで最大のものを，a と b の**最大公約数**といい，記号では $\mathrm{GCD}(a, b)$ と書く．ただし，$a = b = 0$ のときは，$\mathrm{GCD}(0, 0) = 0$ と約束する．$\mathrm{GCD}(a, b) = 1$ のとき，a と b は**互いに素である**という．容易にわ

[*4] ユークリッド，Euclid は英名なので正しいカタカナ名はエウクレイデス，Eukleides，紀元前 3 世紀頃の古代ギリシャの人．

かるように，
$$\mathrm{GCD}(a,b) = \mathrm{GCD}(b,a), \quad \mathrm{GCD}(a,b) = \mathrm{GCD}(-a,b)$$
が成り立つ．また，
$$\mathrm{GCD}(a,0) = |a|$$
である．

これから，2 つの整数 a, b の最大公約数 $\mathrm{GCD}(a,b)$ を計算する方法を述べる．まず，b は自然数だとしてよい．どうしてかというと，もし $b = 0$ なら $\mathrm{GCD}(a,b) = |a|$ なので答えはもうわかっているし，もし $b < 0$ なら $\mathrm{GCD}(a,b) = \mathrm{GCD}(a,-b)$ なので，最初から b の代わりに $-b$ を考えればよいからである．

整数 a, a' と自然数 b に対して，
$$a \equiv a' \pmod{b}$$
は，差 $a - a'$ が b の倍数であることを意味する．

> **補題 2.1.** a を整数，b を自然数とする．$a \equiv a' \pmod{b}$ をみたす整数 a' に対して
> $$\mathrm{GCD}(a,b) = \mathrm{GCD}(a',b)$$
> が成立する．

《証明》 $a \equiv a' \pmod{b}$ なので $a - a' = kb$ となる整数 k が存在する．もし c が a, b の公約数ならば，$a = a_1 c, b = b_1 c$ と書ける．式 $a - a' = kb$ に代入すると $a_1 c - a' = k(b_1 c)$ なので，$a' = (a_1 - kb_1)c$ である．つまり，c は a' の約数である．よって，a と b の公約数は，必ず a' と b の公約数になる．a と a' の立場を入れ替えて議論すれば全く同様に，a' と b の公約数は必ず a と b の公約数になる．よって，a と b の公約数全体と，a' と b の公約数全体は全く同じものだから，その中で最大の自然数である最大公約数は等しい． □

a を整数，b を自然数として，次のような計算をする．

E(1) a を b で割ったときの余り r_1 を求める：$a = q_0 b + r_1$.

すると $0 \leq r_1 < b$ であり，$a \equiv r_1 \pmod{b}$ である．よって補題 2.1 より $\mathrm{GCD}(a,b) = \mathrm{GCD}(r_1, b) = \mathrm{GCD}(b, r_1)$ が成り立つ．もし $r_1 = 0$ ならば，これでストップ．$r_1 \neq 0$ ならば次に進む．

E(2) b を r_1 で割ったときの余り r_2 を求める：$b = q_1 r_1 + r_2$.

すると $0 \leq r_2 < r_1$ であり，$b \equiv r_2 \pmod{r_1}$ である．よって補題 2.1 より $\mathrm{GCD}(b, r_1) = \mathrm{GCD}(r_2, r_1) = \mathrm{GCD}(r_1, r_2)$ が成り立つ．もし $r_2 = 0$ ならば，これでストップ．$r_2 \neq 0$ ならば次へ進む．

E(3) r_1 を r_2 で割ったときの余り r_3 を求める：$r_1 = q_2 r_2 + r_3$.

すると $0 \leq r_3 < r_2$ であり，$r_1 \equiv r_3 \pmod{r_2}$ である．よって補題 2.1 より $\mathrm{GCD}(r_1, r_2) = \mathrm{GCD}(r_3, r_2) = \mathrm{GCD}(r_2, r_3)$ が成り立つ．もし $r_3 = 0$ ならば，これでストップ．$r_3 \neq 0$ ならば次へ進む．

....

E(i) r_{i-2} を r_{i-1} で割ったときの余り r_i を求める：$r_{i-2} = q_{i-1} r_{i-1} + r_i$.

すると $0 \leq r_i < r_{i-1}$ であり，$r_{i-2} \equiv r_i \pmod{r_{i-1}}$ である．よって補題 2.1 より $\mathrm{GCD}(r_{i-2}, r_{i-1}) = \mathrm{GCD}(r_i, r_{i-1}) = \mathrm{GCD}(r_{i-1}, r_i)$ が成り立つ．もし $r_i = 0$ ならば，これでストップ．$r_i \neq 0$ ならば次へ進む．

....

$0 \leq \cdots < r_{i+1} < r_i < r_{i-1} < \cdots < r_1 < b$ のように r_i はどんどん減少していく自然数なので，このような計算はいつかストップする．

E(n+1) でストップし，$r_{n+1} = 0$ になったとする．上で見たことから，

$$\mathrm{GCD}(a,b) = \mathrm{GCD}(b, r_1) = \mathrm{GCD}(r_1, r_2) = \cdots$$
$$\cdots = \mathrm{GCD}(r_{i-1}, r_i) = \cdots = \mathrm{GCD}(r_n, r_{n+1})$$

が成立する．また，$r_{n+1} = 0$ だから $\mathrm{GCD}(r_n, r_{n+1}) = \mathrm{GCD}(r_n, 0) = r_n$ が得られる．従って，結局

$$\mathrm{GCD}(a,b) = r_n$$

である．このようにして最大公約数を求める方法を**ユークリッドの互除法** (Euclidean algorithm) という．歴史的には「アルゴリズム」という言葉は，ユークリッドの互除法のことを指した．

◁ **ノート 2.2.** 著者が小学校で習った最大公約数の求め方は，次の方法だった．

S(1) a と b の 1 より大きい公約数 m_1 を探して a, b を m_1 で割り，商を求める：$a_1 = a \div m_1, b_1 = b \div m_1$

S(2) a_1 と b_1 の 1 より大きい公約数 m_2 を探して a_1, b_1 を m_2 で割り，商を求める：$a_2 = a_1 \div m_2, b_2 = b_1 \div m_2$

....

S(i) a_{i-1} と b_{i-1} の 1 より大きい公約数 m_i を探して a_{i-1}, b_{i-1} を m_i で割り，商を求める：$a_i = a_{i-1} \div m_i, b_i = b_{i-1} \div m_i$

....

順次 **S(n)** まで進んで a_n, b_n の 1 より大きい公約数が見つけられなくなったら，ストップ．このとき $GCD(a, b) = m_1 m_2 \cdots m_n$ である．

例えば，$a = 18, b = 24$ のときは，まず両方とも偶数だから 2 で割り算して $18 = 9 \times 2, 24 = 12 \times 2$．次に得られた商 9 と 12 を考えると，どちらも 3 で割り切れるから，$9 = 3 \times 3, 12 = 4 \times 3$ とする．残った 3 と 4 には 1 より大きい公約数はないから，これでストップ．最大公約数は $2 \times 3 = 6$ である．

この方法のポイントは「公約数を探す」ところにある．a や b より小さい素数で両者を割っていって公約数を探せばよいから，なかなか現実的で万能のように思える．しかし，a と b が，もし気の遠くなるほど大きな数だったら，公約数を目の子で探すのは不可能に近い．とても大きい素数まで考慮に入れなくてはならないからである．また，同じ理由で，最終段階で残った 2 数に「1 より大きい公約数がない」と言い切るのもかなり難しい．その点，ユークリッドの互除法なら，公約数を探さなくても最大公約数を見つけることができる．しかも確実に．

▷ **例 2.3.** $a = 12345678, b = 9876543$ の最大公約数を求める．

<u>**小学校方式**</u> a は偶数だが，b は奇数なので，2 は公約数ではない．次に 3 が

公約数かどうかを調べて見る．$12345678 = 4115226 \times 3$ であり，$9876543 = 3292181 \times 3$ なので，3 は公約数！次に，4115226 と 3292181 を見比べると，2 は公約数ではない，3 もダメ，5 も 7 も… どうも 1 より大きな公約数はなさそう？なので最大公約数は 3 ??

ユークリッドの互除法

$12345678 = 1 \times 9876543 + 2469135,$

$9876543 = 4 \times 2469135 + 3,$

$2469135 = 823045 \times 3 + 0$

なので，$\mathrm{GCD}(12345678, 9876543) = 3$ である．結局，4115226 と 3292181 には 1 より大きい公約数は本当になかったのである．

▷ **問題 2.4.** n を自然数とするとき，$5^n - 2$ と $5^{2n} + 1$ の最大公約数を求めなさい．

命題 2.5. 整数 a, b に対して，

$$ka + \ell b = \mathrm{GCD}(a, b)$$

が成立するような整数 k, ℓ を見つけることができる．

《証明》 b は自然数だとしてよい．ユークリッドの互除法を使う．互除法では

$$a = q_0 b + r_1$$
$$b = q_1 r_1 + r_2$$
$$r_1 = q_2 r_2 + r_3$$
$$\vdots$$
$$r_{n-2} = q_{n-1} r_{n-1} + r_n$$
$$r_{n-1} = q_n r_n + 0$$

という式が現れた．一番最後のは無視して，下から上へ眺めていく．まず $r_n = r_{n-2} - q_{n-1} r_{n-1}$ に $r_{n-1} = r_{n-3} - q_{n-2} r_{n-2}$ を代入すると，

$$r_n = r_{n-2} - q_{n-1}(r_{n-3} - q_{n-2}r_{n-2}) = -q_{n-1}r_{n-3} + (1 + q_{n-1}q_{n-2})r_{n-2}$$

これに $r_{n-2} = r_{n-4} - q_{n-3}r_{n-3}$ を代入すると

$$r_n = (1 + q_{n-1}q_{n-2})r_{n-4} - (q_{n-1} + q_{n-3}(1 + q_{n-1}q_{n-2}))r_{n-3}$$

となる．以下これをどんどん続けていけば，結局 r_n を「$r_{-1} = a$ と $r_0 = b$ に整数をかけて加える」という形に表示できる．$r_n = \mathrm{GCD}(a,b)$ だったから，問題の式が成り立つような整数 k, ℓ が見つかる． □

▷ **例 2.6.** $368k + 118\ell = \mathrm{GCD}(368, 118)$ となるような整数 k, ℓ を求める．ユークリッドの互除法より，

$$368 = 3 \times 118 + 14$$
$$118 = 8 \times 14 + 6$$
$$14 = 2 \times 6 + 2$$
$$6 = 3 \times 2 + 0$$

なので，$\mathrm{GCD}(368, 118) = 2$ である．逆に辿ると

$$\begin{aligned}
2 &= 14 - 2 \times 6 \\
&= 14 - 2 \times (118 - 8 \times 14) \\
&= -2 \times 118 + 17 \times 14 \\
&= -2 \times 118 + 17 \times (368 - 3 \times 118) \\
&= 17 \times 368 - 53 \times 118
\end{aligned}$$

なので，$k = 17, \ell = -53$ とすればよい．

同じことだが，次のようにするほうが考えやすいかもしれない．まず，

$$368 \times 1 + 118 \times 0 = 368 \quad \cdots\cdots (1)$$
$$368 \times 0 + 118 \times 1 = 118 \quad \cdots\cdots (2)$$

として，第 1 式から第 2 式の 3 倍を引く：

$$368 \times 1 + 118 \times (-3) = 14 \quad \cdots\cdots (3)$$

第2式から，こうして得られた第3式の8倍を引く：

$$368 \times (-8) + 118 \times 25 = 6 \quad \cdots\cdots (4)$$

第3式から，第4式の2倍を引く：

$$368 \times 17 + 118 \times (-53) = 2$$

よって，$k = 17, \ell = -53$ である．右辺の変化の仕方がユークリッドの互除法に従っている．

系 2.7. 整数 a, b が互いに素ならば，$ka + \ell b = 1$ であるような整数 k, ℓ が存在する．

▷ **問題 2.8.** $13k + 19\ell = 1$ となるような整数 k, ℓ を（ひと組）求めなさい．

2.4 代数の始まり（言語代数）

紀元前にはすでに2次方程式の解法という高度な数学的発見がなされていたにもかかわらず，方程式が現在のような形で認識されるのはだいぶ後のことである．ずいぶん時間がかかった原因の1つは，認識される数の範囲がなかなか広がらなかった点にある．

ギリシャ時代には幾何学が極めて発達したが，数といえば自然数である．その比としての分数もあった．しかし，そもそも線分の「長さ」と「数」は別物のように扱われていた．例えば，直角2等辺3角形の斜辺の長さを考えるとき，ピタゴラスの定理を使えば無理数 $\sqrt{2}$ が自然に現れるが，これは長さであって数ではない．また，長さを考えている以上，負の数を意識する必然性は全くない．ピタゴラス教団ではその教義上，数（すなわち有理数）で表せない長さが存在することは極秘事項とされていた．

数としての0の「発明」はずっと後になる．空白の代わりの目印としての0を用いた位取り記法は，8世紀にはインドで広く用いられるようになって

いたようで，そこから中国やイスラム世界に爆発的に広まっていったと考えられる．0 はそれほど便利なものだったのである．

アッバース朝ペルシャのアル・フワーリズミー (Al. Khwarizmi, 780?–850?) は 0 を用いたインド式位取り記法をイスラム世界に紹介したばかりか，方程式の原型を作り出した．「数」の代わりに「もの」を用いても同様の計算ができることを示し，アル・ジャブルとアル・ムカーバラという操作を編み出した．未知数が「もの」で普通の数が「数」である．現代的にいえば，アル・ジャブルとは引き算が現れたら移項して足し算にする操作，そしてアル・ムカーバラとは式の両辺を同じ数で割ったり同類項をまとめたりする操作である．アル・ジャブルは代数 (algebra) の語源となる．今では当たり前のように行われているこうした機械的な操作によって，いちいち式の意味を考えなければならない煩雑さから開放されたのである．ただし「方程式」とはいうもののアル・フワーリズミーのそれはまだ「文章」である（言語代数）．だから，ちょっとした式変形でもその記述はとても長くなってしまう．それでもアル・ジャブルとアル・ムカーバラの威力は絶大で，例えば 2 次方程式は次のようにわずか 6 パターンに分類される．

(1) ものの平方がものに等しい （例：$2X^2 = 3X$）
(2) ものの平方が数に等しい （例：$3X^2 = 2$）
(3) ものが数に等しい （例：$2X = 3$ これは厳密には 1 次方程式）
(4) ものの平方とものの和が数に等しい （例：$3X^2 + 2X = 5$）
(5) ものの平方と数の和がものに等しい （例：$2X^2 + 3 = 4X$）
(6) ものと数の和がものの平方に等しい （例：$5X + 2 = 3X^2$）

ただし，その解法は図形を用いた「平方完成」によって説明された．このように，アル・フワーリズミーの成功は代数学の台頭を意味するが，まだまだ幾何学の正統を脅かすには至っていないのである．

11 世紀にはレコンキスタ運動が起こり，キリスト教徒がイスラム教徒に奪われていたスペインを取り戻す．置き去りにされたイスラムの図書が翻訳され，古来の数学が徐々にキリスト教世界に広まっていく．0 を用いたインド式位取り記法やアル・フワーリズミーの成果は，フィボナッチ (Leonardo Fibonacci, 1170?–1250?) らによってヨーロッパに紹介され，ルネッサンス

2.4 代数の始まり（言語代数） 25

期における数学の大発展につながっていくのである．斜塔で有名なピサのアルノ川沿いの公園 (Giardino Scotto) にはフィボナッチの像があり，数学に興味のなさそうな一般市民でも彼の名を知っている．

◁ **ノート 2.9.** （フィボナッチ数列）漸化式

$$a_{n+2} = a_{n+1} + a_n, \quad a_1 = a_2 = 1$$

をみたす数列 $\{a_n\}$ をフィボナッチ数列という．フィボナッチが 1202 年に出版した算盤書 (Liber Abaci) の中にあるクイズに由来するようだ．

[うさぎの問題] 生まれたばかりの 1 つがいのうさぎは 2 ヶ月目から毎月 1 つがいのうさぎを産むとする．すべてのうさぎがこの規則に従い，死ぬことはないとするとき，1 つがいのうさぎは 1 年後に何つがいのうさぎになるか？

算用数字

　いわゆる算用数字 1, 2, 3, 4, 5, 6, 7, 8, 9 の起源は古代インドのバラモン数字である．このインド数字がイスラム勢力の東進を契機にインドからアラビア諸国に伝わった．数字の字体は時代と共に変化していって，東アラビアと西アラビア（スペイン）では随分違ったものになっていった．私たちが使っている算用数字は西アラビアの数字に近い．エジプトなどの中東諸国では現在でも東アラビアの字体に近いものが使われている．

第3章
3次方程式

　地中海貿易が盛んになると，14世紀には商人向けの数学教師が現れ，多くの教科書が書かれた．活版印刷の発明に伴って重要な文献は印刷されるようになる．1494年には，度量衡・帳簿のつけ方から始まってユークリッドの「原論」の要約まで網羅した，ルカ・パチオーリ (Luca Pacioli, 1445–1517) の「スムマ (Summa de arithmetica, geometrica, proportioni et proportionalita)」が出版され，大きな影響を与えた．イタリアの数学者たちは，名声と地位を得るために己の秘術を駆使して数学勝負（互いに問題を出し合う公開討論会のようなもの）を行うようになる．「スムマ」では，3次方程式には一般解法がないとされていたため，数学勝負ではしばしば3次方程式に関する問題が出されたのである．

パチオーリ

3.1　デル・フェッロとタルターリャの解法

　3次方程式の解法を最初に発見したのはデル・フェッロ (Scipione del Ferro, 1465–1526) とタルターリャ (Tartaglia, 本名 Nicolo Fontana, 1499–1557) だと言われている．実際のところ彼らは，（現代の言い方では）2次の項がない3次方程式の解法を見つけたに過ぎない．つまり

$$X^3 + pX + q = 0 \tag{3.1}$$

の形のものである．
　彼らの解法で本質的なのは，因数分解の公式

$$X^3 + y^3 + z^3 - 3Xyz = (X+y+z)(X^2+y^2+z^2-Xy-yz-zX) \tag{3.2}$$

である．つまり

> もし方程式 (3.1) の左辺が (3.2) の左辺になるように「定数」y, z を決められれば (3.2) に従って X の 1 次式と 2 次式の積に因数分解され，3 次方程式の根 $X = -y - z$ が見つかる

というアイディアである．さて，実際に

$$-3yz = p, \quad y^3 + z^3 = q$$

となる y, z は求められるだろうか？

$-3yz = p$ の両辺を 3 乗すると $-27y^3z^3 = p^3$ なので，上の式をみたす y, z を求めるためには，まず

$$y^3 z^3 = -\frac{p^3}{27}, \quad y^3 + z^3 = q$$

をみたす y^3, z^3 を求めればよい．これは簡単．$(X - y^3)(X - z^3) = X^2 - (y^3 + z^3)X + y^3 z^3$ だから，y^3 と z^3 は 2 次方程式

$$X^2 - qX - \frac{p^3}{27} = 0 \tag{3.3}$$

の 2 根である．従って y^3, z^3 は

$$\frac{q}{2} \pm \sqrt{\left(\frac{q}{2}\right)^2 + \left(\frac{p}{3}\right)^3}$$

であり，y, z は

$$\sqrt[3]{\frac{q}{2} \pm \sqrt{\left(\frac{q}{2}\right)^2 + \left(\frac{p}{3}\right)^3}}$$

とすればよい．実際

$$yz = \sqrt[3]{\frac{q}{2} + \sqrt{\left(\frac{q}{2}\right)^2 + \left(\frac{p}{3}\right)^3}} \sqrt[3]{\frac{q}{2} - \sqrt{\left(\frac{q}{2}\right)^2 + \left(\frac{p}{3}\right)^3}}$$

$$= \sqrt[3]{\left(\frac{q}{2}\right)^2 - \left(\left(\frac{q}{2}\right)^2 + \left(\frac{p}{3}\right)^3\right)}$$

$$= -\frac{p}{3}$$

なので，大丈夫．結局，$X = -y - z$ が (3.1) の根になり，それは

$$-\sqrt[3]{\frac{q}{2} - \sqrt{\left(\frac{q}{2}\right)^2 + \left(\frac{p}{3}\right)^3}} - \sqrt[3]{\frac{q}{2} + \sqrt{\left(\frac{q}{2}\right)^2 + \left(\frac{p}{3}\right)^3}}$$

$$= \sqrt[3]{-\frac{q}{2} + \sqrt{\left(\frac{q}{2}\right)^2 + \left(\frac{p}{3}\right)^3}} + \sqrt[3]{-\frac{q}{2} - \sqrt{\left(\frac{q}{2}\right)^2 + \left(\frac{p}{3}\right)^3}}$$

である．

3次方程式の根の公式

$X^3 + pX + q = 0$ の（1つの）根は

$$\sqrt[3]{-\frac{q}{2} + \sqrt{\left(\frac{q}{2}\right)^2 + \left(\frac{p}{3}\right)^3}} + \sqrt[3]{-\frac{q}{2} - \sqrt{\left(\frac{q}{2}\right)^2 + \left(\frac{p}{3}\right)^3}}$$

である．

デル・フェッロから秘術「3次方程式の解法」を授かった弟子フィオル (Antonio Maria Fior) と独自に解法を見つけたタルターリャとの数学勝負は，タルターリャの完勝となり，大いに名声を高めたという．独創と模倣では，独創が勝つ．自明の理である．

▷ **例 3.1.** $X^3 + 9X + 26 = 0$ を解く．

(3.1) において $p = 9, q = 26$ なので，$p/3 = 3, q/2 = 13$ だから

$$\left(\frac{q}{2}\right)^2 + \left(\frac{p}{3}\right)^3 = 169 + 27 = 196 = 14^2$$

である．よって

$$\sqrt[3]{-13 + \sqrt{196}} + \sqrt[3]{-13 - \sqrt{196}} = \sqrt[3]{1} + \sqrt[3]{-27} = 1 - 3 = -2$$

となる．

タルターリャ

3.2 カルダノ変換

前節で紹介した3次方程式の解法は，いろいろな事情から「カルダノの公式」と呼ばれるようになった．カルダノ (Gerolamo Cardano, 1501–1576) は，あの手この手を使ってタルターリャから2次の項を含まない3次方程式の解法を聞き出したのだが，その一方で，2次の項を含む一般の3次方程式であっても，適当に未知数を置き換えてしまえばタルターリャの方法で解けることを示したのだ．

カルダノ

n 次方程式は

$$a_0 X^n + a_1 X^{n-1} + \cdots + a_{n-1} X + a_n = 0 \tag{3.4}$$

のような形をしているが，両辺を最高次の係数 a_0 で予め割り算しておけば，最初から $a_0 = 1$ として構わない．その後，X を $X + a_1/n$ で置き換えると，X^{n-1} の係数 a_1 は 0 であるとしてよい．実際，

$$\binom{n}{k} := \frac{n!}{(n-k)!\,k!} \ (= {}_nC_k)$$

とおくと，2項定理から

$$\left(X + \frac{a_1}{n}\right)^n = \sum_{k=0}^{n} \binom{n}{k} \left(\frac{a_1}{n}\right)^k X^{n-k} = X^n + a_1 X^{n-1} + \cdots$$

なので (3.4) で $a_0 = 1$ としたものは次の形をした $X + a_1/n$ の方程式に変形される：

$$\left(X + \frac{a_1}{n}\right)^n + b_2 \left(X + \frac{a_1}{n}\right)^{n-2} + \cdots + b_{n-1}\left(X + \frac{a_1}{n}\right) + b_n = 0$$

これは2次式の場合の「平方完成」に相当する操作である．与えられた n 次方程式を，このような $n-1$ 次の項を含まない形に変えることを**カルダノ変換**という．

従って，カルダノ変換を予め施し $a_0 = 1, a_1 = 0$ となっている方程式を考えれば十分なのである．

◁ **ノート 3.2.** 与えられた多項式 $P(X)$ に対して，$P(Y+a)$ を展開してから Y を $X-a$ に置き換えると，$P(X)$ を $X-a$ の多項式として表すことができる．つまり微分を使わずに $X = a$ の周りにテーラー展開しているのである．カルダノ変換の意味するところは，これを $P(X) = X^n + a_1 X^{n-1} + \cdots + a_{n-1} X + a_n$ で $a = -a_1/n$ の場合に適用すれば $(X + a_1/n)^{n-1}$ の係数が零になるということに他ならない．

▷ **例 3.3.** $2X^3 + 6X^2 - 10X + 30 = 0$

まず，両辺を 2 で割ると，$X^3 + 3X^2 - 5X + 15 = 0$ である．$(X+1)^3 = X^3 + 3X^2 + 3X + 1$ なので，

$$X^3 + 3X^2 - 5X + 15 = (X+1)^3 - 8X + 14$$
$$= (X+1)^3 - 8(X+1) + 22$$

と変形できる．よって $Y = X+1$ とおけば，与えられた方程式は $Y^3 - 8Y + 22 = 0$ となり，2 次の項を含まない．

▷ **問題 3.4.** カルダノ変換を用いて次の 3 次方程式を (3.1) の形に変換しなさい．

(1) $X^3 + X^2 + X - 3 = 0$
(2) $X^3 + 2X^2 + X - 4 = 0$
(3) $X^3 + X^2 - 12 = 0$

3.3 残りの根は？

というわけで，カルダノ変換を使えばどんな 3 次方程式でも (3.1) の形に帰着されるので，「カルダノの公式」で解ける．ただこの方法だと 3 次方程式の 1 つの根が求まるだけなので，現代の視点では残りの 2 つがどうなるのかが，つい心配になる．

「カルダノの公式」を導く際の y, z は，3 次方程式

32 第3章 3次方程式

$$Y^3 = \frac{q}{2} \pm \sqrt{\left(\frac{q}{2}\right)^2 + \left(\frac{p}{3}\right)^3}$$

の根だった. $t^3 = a$ の形の3次方程式の根は, 1つを $\sqrt[3]{a}$ とすれば残り2つは1の原始3乗根

$$\omega = \frac{-1 + \sqrt{-3}}{2}$$

を用いて $\sqrt[3]{a}\omega$, $\sqrt[3]{a}\omega^2$ と書ける. 実際, 方程式 $t^3 - 1 = 0$ の根は因数分解 $t^3 - 1 = (t-1)(t^2 + t + 1)$ より $t = 1, \omega, \omega^2$ となるから, $t^3 - a = (t - \sqrt[3]{a})(t - \sqrt[3]{a}\omega)(t - \sqrt[3]{a}\omega^2)$ である.

従って, 先の y, z の他に $y\omega, y\omega^2$ や $z\omega, z\omega^2$ も考えなければならない. このうち2つを掛けて $-p/3$ になるのは

$$(y, z), \quad (y\omega, z\omega^2), \quad (y\omega^2, z\omega)$$

の3組である. 従って3次方程式 (3.1) の3根は以下の3つである.

$$\sqrt[3]{-\frac{q}{2} + \sqrt{\left(\frac{q}{2}\right)^2 + \left(\frac{p}{3}\right)^3}} + \sqrt[3]{-\frac{q}{2} - \sqrt{\left(\frac{q}{2}\right)^2 + \left(\frac{p}{3}\right)^3}},$$

$$\omega\sqrt[3]{-\frac{q}{2} + \sqrt{\left(\frac{q}{2}\right)^2 + \left(\frac{p}{3}\right)^3}} + \omega^2\sqrt[3]{-\frac{q}{2} - \sqrt{\left(\frac{q}{2}\right)^2 + \left(\frac{p}{3}\right)^3}},$$

$$\omega^2\sqrt[3]{-\frac{q}{2} + \sqrt{\left(\frac{q}{2}\right)^2 + \left(\frac{p}{3}\right)^3}} + \omega\sqrt[3]{-\frac{q}{2} - \sqrt{\left(\frac{q}{2}\right)^2 + \left(\frac{p}{3}\right)^3}}$$

もちろん (3.2) から求めることもできる. (3.2) 右辺の2次式

$$X^2 + y^2 + z^2 - Xy - yz - zX$$
$$= X^2 - (y+z)X + y^2 + z^2 - yz$$
$$= X^2 - (y+z)X + (y+z)^2 - 3yz$$

を0とおいて, X の2次方程式だと思って解くと

$$X = \frac{y + z \pm \sqrt{3(4yz - (y+z)^2)}}{2} = \frac{y + z \pm \sqrt{-3(y-z)^2}}{2}$$

従って $-y - z$ 以外の根は

$$-y\frac{-1\mp\sqrt{-3}}{2}-z\frac{-1\pm\sqrt{-3}}{2}\quad(\text{複号同順})$$

すなわち，$-\omega y-\omega^2 z$ と $-\omega^2 y-\omega z$ である．

▷ **例 3.5.** $X^3+6X-20=0$ の実根を求める．

[**解法 1**] 左辺を因数分解すると $(X-2)(X^2+2X+10)=0$ だから $X=2$ である．

[**解法 2**] カルダノの公式を使う．(3.1) において $p=6, q=-20$ なので，$p/3=2, q/2=-10$ だから

$$\left(\frac{q}{2}\right)^2+\left(\frac{p}{3}\right)^3=100+8=108$$

よって

$$\sqrt[3]{10+\sqrt{108}}+\sqrt[3]{10-\sqrt{108}}$$

である．

このように，公式自体は万能だが答えの見かけは非常に複雑になることが多い．ちなみに上の数が 2 に等しいことを示したのは，カルダノではなくボンベリ (Raphael Bombelli, 1526–1572) である．彼の方法を紹介する．

ボンベリ

まず $\sqrt{108}=6\sqrt{3}$ であることに着目し，

$$10+\sqrt{108}(=10+6\sqrt{3})=(a+b\sqrt{3})^3$$

とおく．$(a+b\sqrt{3})^3=a^3+3\sqrt{3}a^2b+9ab^2+3\sqrt{3}b^3=a^3+9ab^2+3\sqrt{3}(a^2b+b^3)$ なので，

$$a(a^2+9b)=10, \quad b(a^2+b^2)=2$$

である．これらを同時にみたす整数 a,b をさがすと $a=b=1$ が見つかる．よって $\sqrt[3]{10+\sqrt{108}}=1+\sqrt{3}$ である．同様にすると，$\sqrt[3]{10-\sqrt{108}}=1-\sqrt{3}$ であることがわかり

$$\sqrt[3]{10+\sqrt{108}}+\sqrt[3]{10-\sqrt{108}}=(1+\sqrt{3})+(1-\sqrt{3})=2$$

である．

▷ **問題 3.6.** カルダノの公式を用いて次の 3 次方程式の実根を求めなさい．

(1) $X^3+6X-2=0$
(2) $X^3-15X-4=0$
(3) $X^3+3X-4=0$

答えが複雑になったら，上で紹介したボンベリの方法を試してみなさい．

3.4 カルダノの公式の弱点

p,q を実数として 3 次関数

$$f(x)=x^3+px+q$$

を考え，3 次方程式 $f(x)=0$ が異なる 3 つの実根をもつ条件を求めよう．

まず微分して $f'(x)=3x^2+p$ なので，$p<0$ のときそのときに限り $f'(x)=0$ が異なる 2 実根 $x=\pm\sqrt{-p/3}$ をもち $f(x)$ は極大値・極小値をもつ．$y=f(x)$ のグラフが

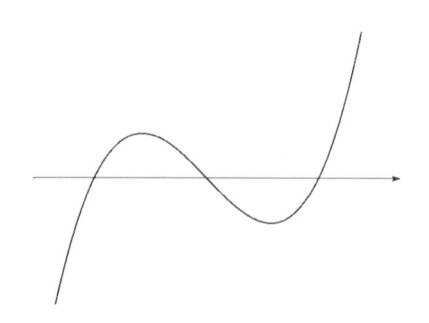

図 3.1 3 次関数のグラフ

x 軸と異なる 3 点で交わるためには，極大値と極小値が異符号であればよい．つまり

$$f\left(\sqrt{\frac{-p}{3}}\right)f\left(-\sqrt{\frac{-p}{3}}\right)<0$$

3.4 カルダノの公式の弱点

$$\Longleftrightarrow \left\{\left(\sqrt{\frac{-p}{3}}\right)^3 + p\sqrt{\frac{-p}{3}} + q\right\}\left\{\left(-\sqrt{\frac{-p}{3}}\right)^3 - p\sqrt{\frac{-p}{3}} + q\right\} < 0$$

であり，これを整理して

$$\left(\frac{q}{2}\right)^2 + \left(\frac{p}{3}\right)^3 < 0 \tag{3.5}$$

を得る．というわけで，どこかで見たような式が登場する．左辺は「カルダノの公式」

$$\sqrt[3]{-\frac{q}{2} + \sqrt{\left(\frac{q}{2}\right)^2 + \left(\frac{p}{3}\right)^3}} + \sqrt[3]{-\frac{q}{2} - \sqrt{\left(\frac{q}{2}\right)^2 + \left(\frac{p}{3}\right)^3}}$$

において根号の中に現れた式である．今の場合，$f(x) = 0$ の根は実数のはずである．一方，公式では根号の中身が負になってしまうから，結局，実数でない複素数の立方根によって実数が表されていることになる．例えば，$f(x) = x^3 - 21x + 20 = (x-1)(x-4)(x+5)$ のとき $f(x) = 0$ の根は 1, 4, -5 なのだが「カルダノの公式」では，$\sqrt[3]{-10 + 9\sqrt{-3}} + \sqrt[3]{-10 - 9\sqrt{-3}}$ 等となってしまう．これは「カルダノの公式」の最大の弱点である，とみなされた．なぜなら，当時まだ複素数は認知されていなかったので，根号の中が負だと計算不能に陥ってしまうからである．カルダノ自身は，2乗して負になる数を想定して計算しても「精神的な苦痛を横においておけば」それなりに辻褄が合う云々と述べているが，それ以上深入りしなかった．(3.5) の場合は「還元できない場合 (caso irreducible)」と呼ばれた．

ボンベリは形式的に負の数の平方根を考えて，すでに紹介した方法で3乗根を計算した．彼は，正数 a に対して $+\sqrt{-a}$ や $-\sqrt{-a}$ をそれぞれ pui di meno, meno di meno と呼び，通常の計算規則を拡張して

pui via pui di meno, fa pui di meno	$+1 \times \sqrt{-1} = \sqrt{-1}$
meno via pui di meno, fa meno di meno	$-1 \times \sqrt{-1} = -\sqrt{-1}$
pui via meno di meno, fa meno di meno	$+1 \times (-\sqrt{-1}) = -\sqrt{-1}$

meno via meno di meno, fa pui di meno	$-1 \times (-\sqrt{-1}) = \sqrt{-1}$
pui de meno via pui di meno, fa meno	$\sqrt{-1} \times \sqrt{-1} = -1$
pui de meno via meno di meno, fa pui	$\sqrt{-1} \times (-\sqrt{-1}) = +1$
meno di meno via pui di meno, fa pui	$(-\sqrt{-1}) \times \sqrt{-1} = +1$
meno di meno via meno di meno, fa meno	$(-\sqrt{-1}) \times (-\sqrt{-1}) = -1$

と定めた．ここに，A via B fa C は $A \times B = C$ という意味である．この計算規則に従ってボンベリの方法で3乗根を計算すると，上述の例では

$$\sqrt[3]{-10 + 9\sqrt{-3}} = 2 + \sqrt{-3}, \quad \sqrt[3]{-10 - 9\sqrt{-3}} = 2 - \sqrt{-3}$$

となるので，「カルダノの公式」が示す根は 4 であることがわかる．

複素数の計算規則を定め，その有用性を最初に示したという点で，ボンベリは複素数の第一発見者だといえる．

一方，ヴィエト (François Viète, 1540–1603) は三角関数の加法定理を巧みに用いて，還元できない場合を攻略した．$x^3 + px + q = 0$ において $x = \lambda X$ とおくと，$\lambda^3 X^3 + p\lambda X + q = 0$ となる．$p < 0$ に注意しつつ $\lambda = 2\sqrt{-p/3}$ とおけば $\lambda^3 : p\lambda = 4 : -3$ が成り立つから，

ヴィエト

$$4X^3 - 3X + \frac{q}{2}\sqrt{\left(\frac{3}{-p}\right)^3} = 0 \qquad (3.6)$$

と変形される．ここで

$$-1 < \frac{q}{2}\sqrt{\left(\frac{3}{-p}\right)^3} < 1 \Leftrightarrow \left(\frac{q}{2}\right)^2 \left(\frac{3}{-p}\right)^3 < 1$$

$$\Leftrightarrow \left(\frac{q}{2}\right)^2 < \left(\frac{-p}{3}\right)^3$$

$$\Leftrightarrow \left(\frac{q}{2}\right)^2 + \left(\frac{p}{3}\right)^3 < 0$$

であることに注意する．つまり，条件 (3.5) は (3.6) の定数項が -1 と 1 の間にあることを示しているのである．従って

$$\sin 3\theta = \frac{q}{2}\sqrt{\left(\frac{3}{-p}\right)^3} \tag{3.7}$$

をみたす角 θ が存在する．再び (3.6) を見て，3 倍角の公式

$$4\sin^3\theta - 3\sin\theta + \sin 3\theta = 0$$

を思い出せば，$X = \sin\theta$ が (3.6) の根であることがわかる．(3.7) をみたす θ は $-\pi/6 < \theta < \pi/6$ の範囲に必ず存在する．この θ を使えば残りの 2 つの根は

$$\sin\left(\theta + \frac{2\pi}{3}\right), \quad \sin\left(\frac{2\pi}{3} - \theta\right)$$

と表される．角の 3 等分はアルキメデスの方法で作図可能だったから，これで 3 次方程式が複素数を経由しないで解けたことになる．

以上から，(3.5) でないときには「カルダノの公式」で実根が求められ，(3.5) のときには 3 角関数と角の 3 等分を使ったヴィエトの方法で実根を求めればよいことがわかる．

▷ **問題 3.7.** 次の 3 次方程式を解きなさい．

(1) $X^3 - 7X - 6 = 0$
(2) $X^3 - 14X + 8 = 0$
(3) $4X^3 - 29X + 10 = 0$

▷ **問題 3.8.** ヴィエトの 3 角関数を使った解法を参考にして，双曲正弦関数 $\sinh x = \dfrac{e^x - e^{-x}}{2}$ に対する公式

$$\sinh 3x = 3\sinh x + 4\sinh^3 x$$

を用いた 3 次方程式の解法を考察しなさい．

3.5 その他の解法

3次方程式の解法は，ギリシャの3大作図問題との関連でカルダノ以降もいろいろ工夫されてきた．

▼ 3.5.1 ヴィエトの別証明

まず，ヴィエトによるカルダノの公式の別証明を紹介しよう．

3次方程式 (3.1) において，$X = Y - \frac{a}{Y}$ と置き換えれば

$$X^3 + pX + q = Y^3 - \frac{a^3}{Y^3} + (p - 3a)\left(Y - \frac{a}{Y}\right) + q$$

となる．従って $a = p/3$ とおくと，(3.1) は

$$(Y^3)^2 + qY^3 - \left(\frac{p}{3}\right)^3 = 0$$

に帰着される．この Y^3 に関する2次方程式を解けば

$$Y^3 = -\frac{q}{2} \pm \sqrt{\left(\frac{q}{2}\right)^2 + \left(\frac{p}{3}\right)^3}$$

となる．また

$$\left(\frac{p/3}{Y}\right)^3 = Y^3 + q = \frac{q}{2} \pm \sqrt{\left(\frac{q}{2}\right)^2 + \left(\frac{p}{3}\right)^3}$$

よって

$$X = Y - \frac{p/3}{Y}$$
$$= \sqrt[3]{-\frac{q}{2} + \sqrt{\left(\frac{q}{2}\right)^2 + \left(\frac{p}{3}\right)^3}} + \sqrt[3]{-\frac{q}{2} - \sqrt{\left(\frac{q}{2}\right)^2 + \left(\frac{p}{3}\right)^3}}$$

となる．

▼ 3.5.2 折り紙で3次方程式

次に，折り紙を用いて実数係数の3次方程式 $X^3 + pX + q = 0$ を解く方法[*1]を紹介する．

[*1] 森継修一「折り紙による3次方程式の解法について」日本応用数理学会論文誌，**16**(1) (2006) 79–92.

3.5 その他の解法

簡単のため，大きな折り紙に xy 座標が設定してあることにする．まず 2 点 $A(-1,0)$, $B(-p,q)$ をとり，2 直線 $x=1$, $y=-q$ を引く（折る）．次に点 A が $x=1$ 上に，点 B が $y=-q$ 上にくるように折る．そのように折ったときに A, B と重なる点をそれぞれ $A'(1,2\alpha)$, $B'(\beta,-q)$ とし，線分 AA', BB' の中点をそれぞれ P, Q とする．座標は $P(0,\alpha)$, $Q((\beta-p)/2,0)$ となる．

AA', BB' は折り目 PQ と直交するから，

$$\beta - p - 2\alpha^2 = 0$$
$$\frac{1}{2}(\beta-p)(\beta+p) + 2q\alpha = 0$$

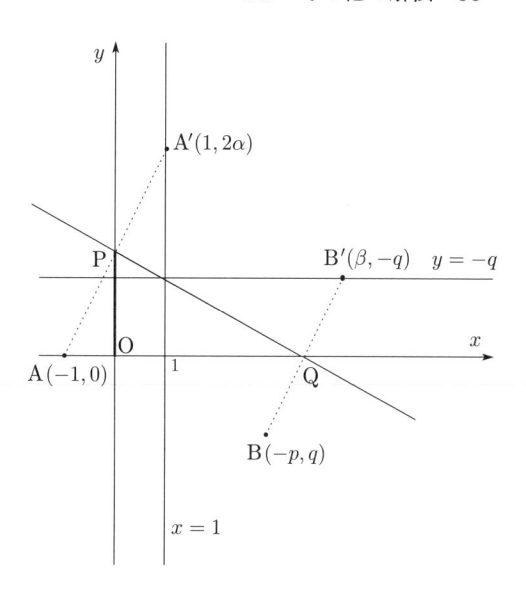

図 3.2 折り紙平面

が成立する．この 2 式から β を消去すれば

$$\alpha(\alpha^3 + p\alpha + q) = 0$$

となる．

$\alpha \ne 0$ ならば $\alpha^3 + p\alpha + q = 0$ なので，$X = \alpha$ は $X^3 + pX + q = 0$ の根である．

$\alpha = 0$ ならば $\beta = p$ である．また，$A(-1,0)$, $A'(1,0)$ なので，折り目は y 軸と一致する．従って，点 $B(-p,q)$ と $B'(p,-q)$ が y 軸に関して対称でなければならないから $q = -q$ すなわち $q = 0$ である．このとき $X = \alpha(=0)$ は $X^3 + pX = 0$ の根である．

どちらの場合でも α は問題の 3 次方程式の根であり，図では線分 PO で表される．

ギリシャの3大作図問題のうち角の3等分を行う方法はすでに紹介したが，立方体の倍積問題も3次方程式 $X^3 = 2$ を解くことに帰着されるので，折り紙を使えば解けるわけである．

第4章
4次方程式

4次方程式の解法はカルダノの弟子にあたるフェラーリ (Lodovico Ferrari, 1522–1565) が見つけた. 2次方程式から3次方程式までは約3千年の時間が必要だったのに比べて, 非常に短時間で発見されたことになる. フェラーリの解法はカルダノの著書「大いなる技法 (Ars Magna)」で紹介されている.

4.1 フェラーリの解法

まず本節でフェラーリの解法を紹介し, 次節以降ではその後に工夫された解法を見ていこう.

カルダノ変換を使えば, 考えるべき4次方程式は

$$X^4 + aX^2 + bX + c = 0 \tag{4.1}$$

の形であるとしてよい. 次に移項して

$$X^4 = -aX^2 - bX - c$$

とし, 両辺に $2kX^2 + k^2$ を加え

$$X^4 + 2kX^2 + k^2 = (2k-a)X^2 - bX + (k^2 - c)$$

と変形すると,

$$(X^2 + k)^2 = (2k-a)X^2 - bX + (k^2 - c) \tag{4.2}$$

と書き換えられる. ここで, 右辺が X の1次式の2乗になるように k の値を定める. そのためには, 右辺の判別式 $b^2 - 4(2k-a)(k^2 - c)$ が0であればよい. 従って

42 第4章 4次方程式

$$8k^3 - 4ak^2 - 8ck + 4ac - b^2 = 0 \tag{4.3}$$

を解けばよいのだが，これは k に関する3次方程式なので「カルダノの公式」で解ける．そうやって k を定めれば (4.2) は

$$(X^2 + k)^2 = (2k - a)\left(X - \frac{b}{2(2k-a)}\right)^2$$

の形になる．従って

$$X^2 + k = \pm\sqrt{2k-a}\left(X - \frac{b}{2(2k-a)}\right)$$

すなわち

$$X^2 \pm \sqrt{2k-a}\,X \mp \frac{b}{2\sqrt{2k-a}} + k = 0 \quad \text{(複号同順)}$$

が得られるから，2次方程式を2つ解くことに帰着された．

4.2 デカルトの解法

フェラーリの解法と本質的に同じだが，後にかの有名なデカルト (René Descartes, 1596–1650) も4次方程式の解法を研究しているので，それを紹介する．考える4次方程式は (4.1) の形である．「左辺が2次式の積に分解する」という都合のよい状況を仮定してみよう：

デカルト

$$X^4 + aX^2 + bX + c$$
$$= (X^2 + \alpha X + \beta)(X^2 - \alpha X + \gamma)$$

（左辺には X^3 の項がないので右辺の2次式における X の係数は，一方が α なら他方は $-\alpha$ である）．右辺を展開して係数を比較すると

$$a = \beta + \gamma - \alpha^2, \quad b = \alpha(\gamma - \beta), \quad c = \beta\gamma$$

となる．初めの2つを用いてβ, γをαで表すと

$$2\beta = \alpha^2 + a - b/\alpha, \quad 2\gamma = \alpha^2 + a + b/\alpha$$

なので，これらを第3式に代入して

$$\alpha^6 + 2a\alpha^4 + (a^2 - 4c)\alpha^2 - b^2 = 0 \tag{4.4}$$

を得る．これはα^2に関する3次方程式なので「カルダノの公式」によって解ける．従ってβ, γもわかり，因数分解$X^4 + aX^2 + bX + c = (X^2 + \alpha X + \beta)(X^2 - \alpha X + \gamma)$ができることになった．あとは2つの2次方程式$X^2 + \alpha X + \beta = 0, X^2 - \alpha X + \gamma = 0$を解けばよい．

4.3 オイラーの解法

3次方程式は因数分解を利用して解けた．オイラー (Leonhard Euler, 1707–1783) は，4次方程式も同様の考え方で解いている．

あまり有名ではないが，次のような因数分解がある．

$$\begin{aligned}
& X^4 + y^4 + z^4 + w^4 \\
& \quad - 2(X^2y^2 + X^2z^2 + X^2w^2 + y^2z^2 \\
& \quad + y^2w^2 + z^2w^2) - 8Xyzw \\
& = (X - y - z - w)(X - y + z + w) \\
& \quad \times (X + y - z + w)(X + y + z - w)
\end{aligned}$$

オイラー

左辺は

$$\begin{aligned}
& X^4 + y^4 + z^4 + w^4 \\
& \quad - 2(X^2y^2 + X^2z^2 + X^2w^2 + y^2z^2 + y^2w^2 + z^2w^2) \\
& \quad - 8Xyzw \\
& = X^4 - 2(y^2 + z^2 + w^2)X^2 - 8yzwX
\end{aligned}$$

第4章 4次方程式

$$+ \{y^4 + z^4 + w^4 - 2(y^2z^2 + y^2w^2 + z^2w^2)\}$$
$$= X^4 - 2(y^2 + z^2 + w^2)X^2 - 8yzwX$$
$$+ \{(y^2 + z^2 + w^2)^2 - 4(y^2z^2 + y^2w^2 + z^2w^2)\}$$

のように整理できるので，4 次方程式 (4.1) を解くには

$$\begin{cases} a = -2(y^2 + z^2 + w^2) \\ b = -8yzw \\ c = (y^2 + z^2 + w^2)^2 - 4(y^2z^2 + y^2w^2 + z^2w^2) \end{cases}$$

となるような y, z, w を見つければよい．これができれば因数分解式の右辺を見て

$$X = y + z + w, \ y - z - w, \ -y + z - w, \ -y - z + w$$

が求める根になる．上の y, z, w に関する連立方程式を

$$\begin{cases} y^2 + z^2 + w^2 = -a/2 \\ y^2z^2 + z^2w^2 + w^2y^2 = a^2/16 - c/4 \\ y^2z^2w^2 = b^2/64 \end{cases}$$

の形に書き直すと，恒等式

$$(Y - y^2)(Y - z^2)(Y - w^2)$$
$$= Y^3 - (y^2 + z^2 + w^2)Y^2 + (y^2z^2 + z^2w^2 + w^2y^2)Y - y^2z^2w^2$$

から y^2, z^2, w^2 は 3 次方程式

$$Y^3 + \frac{a}{2}Y^2 + \left(\frac{a^2}{16} - \frac{c}{4}\right)Y - \frac{b^2}{64} = 0 \tag{4.5}$$

の 3 根であることがわかる．この方程式の 3 根を α, β, γ とおけば

$$y = \pm\sqrt{\alpha}, \ z = \pm\sqrt{\beta}, \ w = \pm\sqrt{\gamma}$$

だから，あとは $b = -8yzw$ が成立するようにプラス・マイナスを調整して求める y, z, w が得られる．

▷ **注意 4.1.** これまでに紹介した 3 つの解法では，途中でそれぞれ 3 次方程式 (4.3), (4.4), (4.5) を解く必要があった．次のように変形すれば，これらが実は本質的に全く同じ方程式であることがわかる．

$$(4.3) \Leftrightarrow (2k-a)^3 + 2a(2k-a)^2 + (a^2-4c)(2k-a) - b^2 = 0,$$
$$(4.4) \Leftrightarrow (\alpha^2)^3 + 2a(\alpha^2)^2 + (a^2-4c)(\alpha^2) - b^2 = 0,$$
$$(4.5) \Leftrightarrow (4Y)^3 + 2a(4Y)^2 + (a^2-4c)(4Y) - b^2 = 0.$$

これを 3 次**分解方程式** (resolvent cubic equation) という．

▷ **例 4.2.** $X^4 - 12X + 3 = 0$

[**フェラーリの方法**] $X^4 = 12X - 3$. 両辺に $2kX^2 + k^2$ を加えて $(X^2 + k)^2 = 2kX^2 + 12X + k^2 - 3$. 右辺の判別式 $18 - k(k^2 - 3) = 0$ となるように k を決める．

$$k^3 - 3k - 18 = (k-3)(k^2 + 3k + 6)$$

なので，$k = 3$ とすればよい．このとき $(X^2 + 3)^2 = 6(X+1)^2$ なので，2 つの 2 次方程式 $X^2 + 3 = \pm\sqrt{6}(X+1)$ を解いて

$$X = \frac{\sqrt{6} \pm \sqrt{4\sqrt{6} - 6}}{2}, \frac{-\sqrt{6} \pm \sqrt{-6 - 4\sqrt{6}}}{2}$$

が求める根である．

[**デカルトの方法**] $X^4 - 12X + 3 = (X^2 + \alpha X + \beta)(X^2 - \alpha X + \gamma)$ とおくと，

$$\beta\gamma = 3, \ \alpha(\beta - \gamma) = 12, \ \alpha^2 = \beta + \gamma$$

である．β, γ を消去して $\alpha^6 - 12\alpha^2 - 144 = 0$ を得る．これより $\alpha^2 = 6$ としてよく，$\beta = 3 + \sqrt{6}, \gamma = 3 - \sqrt{6}$ である．よって

$$X^4 - 12X + 3 = (X^2 + \sqrt{6}X + 3 + \sqrt{6})(X^2 - \sqrt{6}X + 3 - \sqrt{6})$$

となり，解ける．

どちらの場合も，3 次分解方程式を直接「カルダノの公式」を使って解くと

$$\sqrt[3]{9+4\sqrt{5}} + \sqrt[3]{9-4\sqrt{5}} = 3$$

を示す必要が生じる．これはなかなか大変である．ボンベリの方法を使えば

$$\sqrt[3]{9+4\sqrt{5}} = \frac{3+\sqrt{5}}{2}, \quad \sqrt[3]{9-4\sqrt{5}} = \frac{3-\sqrt{5}}{2}$$

であることがわかる．

▷ **問題 4.3.** 次の 4 次方程式を解きなさい．

(1) $X^4 + 4X + 3 = 0$
(2) $X^4 + 2X^2 + 4X + 2 = 0$
(3) $X^4 + 4X^3 + 8X^2 + 4X + 7 = 0$

4.4 巡回行列による解法

これまで 2, 3, 4 次の代数方程式の解法を順を追って説明してきた．それぞれの解法にはそれなりの工夫は見られるのだが，どうにも場当たり的で統一性に欠ける．本節では，ある程度統一的な解法を導く一手段として，巡回行列を用いた方法を述べる[*1]．ただし，大学初年で習う程度の線形代数（行列の操作）に慣れ親しんでいることを前提にせざるを得ないので，読み飛ばして構わない．

n 次正方行列

$$W = \begin{pmatrix} 0 & 1 & 0 & \cdots & 0 \\ 0 & 0 & 1 & \cdots & 0 \\ \vdots & & & \ddots & \vdots \\ 0 & 0 & 0 & \cdots & 1 \\ 1 & 0 & 0 & \cdots & 0 \end{pmatrix}$$

を考えれば，

$$W^k = \begin{pmatrix} O & I_{n-k} \\ I_k & O \end{pmatrix} \quad (k = 0, 1, \ldots, n-1)$$

[*1] D. Kalman and J. E. White, Polynomial equations and circulant matrices, Amer. Math. Month. **108** (2001), 821–840 を見よ．

が成り立つ．ただし I_k は k 次単位行列を表す．W の行ベクトルは $\mathbb{R}^n$ の（標準内積に関する）正規直交基底をなすので，W は直交行列である．従って $^tW = W^{-1}$ が成り立つ．また，第 1 列に関する余因子展開より

$$\begin{vmatrix} t & -1 & 0 & \cdots & 0 \\ 0 & t & -1 & \cdots & 0 \\ & & \vdots & \ddots & \vdots \\ 0 & 0 & 0 & \cdots & -1 \\ -1 & 0 & 0 & \cdots & t \end{vmatrix}$$

$$= t \begin{vmatrix} t & -1 & \cdots & 0 \\ 0 & t & \cdots & \vdots \\ \vdots & & \ddots & -1 \\ 0 & 0 & \cdots & t \end{vmatrix} + (-1)^{n+1}(-1) \begin{vmatrix} -1 & 0 & \cdots & 0 \\ t & -1 & & 0 \\ \vdots & \ddots & \ddots & \\ 0 & \cdots & t & -1 \end{vmatrix}$$

$$= t \cdot t^{n-1} + (-1)^{n+2}(-1)^{n-1}$$

なので，固有多項式は $\det(tI_n - W) = t^n - 1$ である．従って W の固有値は 1 の n 乗根であり，任意の 1 の n 乗根 ω に対して $\mathbf{v}(\omega) = {}^t(1, \omega, \omega^2, \ldots, \omega^{n-1})$ は固有値 ω に属する固有ベクトルである．

$$\omega_n = e^{2\pi\sqrt{-1}/n}$$

とおくとき，$\{\omega_n^k \mid k = 0, 1, \ldots, n-1\}$ は 1 の n 乗根全体であり，W の固有値全体のなす集合に他ならない．固有ベクトル $\mathbf{v}(\omega_n^k)$ $(k = 0, 1, \ldots, n-1)$ を列ベクトルとする行列式

$$\begin{vmatrix} 1 & 1 & \cdots & 1 \\ \omega_n^0 & \omega_n^1 & \cdots & \omega_n^{n-1} \\ (\omega_n^0)^2 & (\omega_n^1)^2 & \cdots & (\omega_n^{n-1})^2 \\ \vdots & \vdots & \cdots & \vdots \\ (\omega_n^0)^{n-1} & (\omega_n^1)^{n-1} & \cdots & (\omega_n^{n-1})^{n-1} \end{vmatrix}$$

は，いわゆるヴァンデルモンドの行列式であり $i \neq j$ のとき $\omega_n^i \neq \omega_n^j$ だから零ではない．よって，固有ベクトル $\mathbf{v}(\omega_n^k)$ $(k = 0, 1, \ldots, n-1)$ は 1 次独立である．

さて

$$\text{Circ}_n = \left\{ \sum_{i=0}^{n-1} c_i W^i \,\middle|\, c_0, c_1, \ldots, c_{n-1} \in \mathbb{C} \right\}$$

とおいて，$C \in \text{Circ}_n$ を n **次巡回行列**と呼ぶ．巡回行列の第 2 行目以降は，第 1 行の成分を巡回的に入れ替えていって作られる．例えば $n = 4$ のとき

$$c_0 I_4 + c_1 W + c_2 W^2 + c_3 W^3$$

$$= \begin{pmatrix} c_0 & 0 & 0 & 0 \\ 0 & c_0 & 0 & 0 \\ 0 & 0 & c_0 & 0 \\ 0 & 0 & 0 & c_0 \end{pmatrix} + \begin{pmatrix} 0 & c_1 & 0 & 0 \\ 0 & 0 & c_1 & 0 \\ 0 & 0 & 0 & c_1 \\ c_1 & 0 & 0 & 0 \end{pmatrix}$$

$$+ \begin{pmatrix} 0 & 0 & c_2 & 0 \\ 0 & 0 & 0 & c_2 \\ c_2 & 0 & 0 & 0 \\ 0 & c_2 & 0 & 0 \end{pmatrix} + \begin{pmatrix} 0 & 0 & 0 & c_3 \\ c_3 & 0 & 0 & 0 \\ 0 & c_3 & 0 & 0 \\ 0 & 0 & c_3 & 0 \end{pmatrix}$$

$$= \begin{pmatrix} c_0 & c_1 & c_2 & c_3 \\ c_3 & c_0 & c_1 & c_2 \\ c_2 & c_3 & c_0 & c_1 \\ c_1 & c_2 & c_3 & c_0 \end{pmatrix}$$

である．

高々 $n - 1$ 次の多項式

$$\varphi(t) = c_0 + c_1 t + c_2 t^2 + \cdots + c_{n-1} t^{n-1}$$

に対して

$$C = \varphi(W) = c_0 I_n + c_1 W + c_2 W^2 + \cdots + c_{n-1} W^{n-1}$$

は n 次巡回行列である．この対応により n 次巡回行列と高々 $n-1$ 次の多項式は 1 対 1 に対応する．任意の 1 の n 乗根 ω に対して $W\mathbf{v}(\omega) = \omega \mathbf{v}(\omega)$ だったから，$k = 0, 1, \ldots, n-1$ に対して $W^k \mathbf{v}(\omega) = \omega^k \mathbf{v}(\omega)$ が成立する．従って

$$\varphi(W)\mathbf{v}(\omega) = \varphi(\omega)\mathbf{v}(\omega)$$

となるから $\varphi(\omega)$ は $\varphi(W)$ の固有値であり $\mathbf{v}(\omega)$ が固有ベクトルである．このことから
$$\{\varphi(\omega_n^k) \mid k = 0, 1, \ldots, n-1\}$$
が $\varphi(W)$ の固有値全体の集合であることがわかる．また，1次独立な n 個の固有ベクトルをもつから，$\varphi(W)$ は対角化可能である．

▷ **例 4.4.** $n = 4$ のとき，1 の 4 乗根は $\pm 1, \pm\sqrt{-1}$ だから，$\varphi(W)$ の固有値は

$$\varphi(1) = c_0 + c_1 + c_2 + c_3, \quad \varphi(\sqrt{-1}) = c_0 + c_1\sqrt{-1} - c_2 - c_3\sqrt{-1},$$
$$\varphi(-1) = c_0 - c_1 + c_2 - c_3, \quad \varphi(-\sqrt{-1}) = c_0 - c_1\sqrt{-1} - c_2 + c_3\sqrt{-1}$$

であり，

$$^t(1,1,1,1), \ ^t(1,\sqrt{-1},-1,\sqrt{-1}), \ ^t(1,-1,1,-1), \ ^t(1,-\sqrt{-1},-1,\sqrt{-1})$$

は，そのそれぞれに属する固有ベクトルである．

$\varphi(W)$ の固有多項式 $\det(xI_n - \varphi(W))$ は x に関する n 次式であり，その n 次の係数は 1 である．上で見たことから固有多項式は

$$\det(xI_n - \varphi(W)) = (x - \varphi(\omega_n^0))(x - \varphi(\omega_n^1)) \cdots (x - \varphi(\omega_n^{n-1}))$$

のように因数分解される．従って，次がわかる．

命題 4.5. n 次方程式 $f(x) = x^n + a_1 x^{n-1} + \cdots + a_{n-1}x + a_n = 0$ に対して $f(x) = \det(xI_n - \varphi(W))$ となるような高々 $n-1$ 次の多項式 $\varphi(t)$ が存在すれば，$f(x) = 0$ の根は $\varphi(\omega_n^k)$ $(k = 0, 1, \ldots, n-1)$ である．

▷ **例 4.6.** (2次方程式) $f(x) = x^2 + ax + b$, $\varphi(t) = c_0 + c_1 t$ とおく．

$$\varphi(W) = c_0 \begin{pmatrix} 1 & 0 \\ 0 & 1 \end{pmatrix} + c_1 \begin{pmatrix} 0 & 1 \\ 1 & 0 \end{pmatrix} = \begin{pmatrix} c_0 & c_1 \\ c_1 & c_0 \end{pmatrix},$$

$$\det(xI_2 - \varphi(W)) = \begin{vmatrix} x - c_0 & -c_1 \\ -c_1 & x - c_0 \end{vmatrix} = x^2 - 2c_0 x + c_0^2 - c_1^2$$

よって $\det(xI_2 - \varphi(W)) = f(x)$ は $-2c_0 = a$ かつ $c_0^2 - c_1^2 = b$ と同値である. $c_0 = -a/2$, $c_1 = \sqrt{a^2/4 - b}$ はこれをみたす. 1 の平方根は ± 1 だから,

$$\varphi(1) = -\frac{a}{2} + \frac{\sqrt{a^2 - 4b}}{2}, \quad \varphi(-1) = -\frac{a}{2} - \frac{\sqrt{a^2 - 4b}}{2}$$

が $f(x) = 0$ の 2 根である.

次の命題と次章で紹介する代数学の基本定理によって, 命題 4.5 にいう高々 $n-1$ 次の多項式は常に存在することがわかる.

命題 4.7. 与えられた n 個の複素数 $z_1, \ldots, z_n$ に対して, これらを固有値とするような n 次巡回行列が存在する.

《証明》 高々 $n-1$ 次の多項式が成す n 次元複素ベクトル空間を

$$P_{n-1} = \{c_0 + c_1 t + \cdots + c_{n-1} t^{n-1} \mid c_0, \ldots, c_{n-1} \in \mathbb{C}\}$$

とおく. $\omega_n = e^{2\pi\sqrt{-1}/n}$ に対して写像 $T : P_{n-1} \to \mathbb{C}^n$ を

$$T(\varphi) = (\varphi(\omega_n^0), \varphi(\omega_n^1), \varphi(\omega_n^2), \ldots, \varphi(\omega_n^{n-1}))$$

によって定めると, これは線形写像である. $T(\varphi) = (0, 0, \ldots, 0)$ ならば, 高々 $n-1$ 次の多項式 φ が n 個の異なる複素数 ω_n^k ($k = 0, 1, \ldots, n-1$) に対して零になるのだから $\varphi = 0$ である. 核が零ベクトルのみから成るので T は単射であるが, $\dim P_{n-1} = \dim \mathbb{C}^n = n$ より, T は全射でもある. よって, 与えられた n 個の複素数 $z_1, \ldots, z_n$ に対して $\varphi(\omega_n^{k-1}) = z_k$ ($k = 1, 2, \ldots, n$) をみたす $\varphi \in P_{n-1}$ が存在する. この φ に対して巡回行列 $\varphi(W)$ を考えれば, その固有値は $z_1, \ldots, z_n$ となる. □

命題 4.5 が示唆する方針に従って, 4 次方程式

$$f(x) = x^4 + ax^2 + bx + c = 0$$

の解法を与えよう.

まず, $\det(xI_4 - \varphi(W)) = x^4 + ax^2 + bx + c$ となるような巡回行列 $\varphi(W)$ を求める. $\varphi(t) = c_0 + c_1 t + c_2 t^2 + c_3 t^3$ とおく. 固有多項式において x^3 の

4.4 巡回行列による解法 51

項の係数が 0 なので固有値の総和 $\sum_{i=0}^{3} \varphi((\sqrt{-1})^i) = \text{tr}(\varphi(W)) = 0$ である．従って $c_0 = 0$ がわかる．このとき，行列式を直接に展開すれば

$$\det(xI_4 - \varphi(W)) = \begin{vmatrix} x & -c_1 & -c_2 & -c_3 \\ -c_3 & x & -c_1 & -c_2 \\ -c_2 & -c_3 & x & -c_1 \\ -c_1 & -c_2 & -c_3 & x \end{vmatrix}$$
$$= x^4 - (4c_1c_3 + 2c_2^2)x^2 - 4c_2(c_1^2 + c_3^2)x$$
$$+ c_2^4 - c_1^4 - c_3^4 - 4c_1c_3c_2^2 + 2c_1^2c_3^2$$

なので，連立方程式

$$\begin{cases} 4c_1c_3 + 2c_2^2 = -a \\ 4c_2(c_1^2 + c_3^2) = -b \\ c_2^4 - c_1^4 - c_3^4 - 4c_1c_3c_2^2 + 2c_1^2c_3^2 = c \end{cases} \quad (4.6)$$

が解ければよい．第 3 式は

$$c_2^4 - (4c_1c_3)c_2^2 - (c_1^2 + c_3^2)^2 + 4c_1^2c_3^2 = c$$

と書き直せるので，第 1 式と第 2 式を用いて c_1, c_3 を消去すれば

$$c_2^6 + \frac{a}{2}c_2^4 + \left(\frac{a^2}{16} - \frac{c}{4}\right)c_2^2 - \frac{b^2}{64} = 0$$

となる．$Y = c_2^2$ とおけば，オイラーの解法に現れた Y の 3 次方程式に他ならない．これを解いて c_2 を求めれば (4.6) の第 1 式と第 2 式より

$$c_1^2 c_3^2 = \frac{1}{16}(2c_2^2 + a)^2, \quad c_1^2 + c_3^2 = -\frac{b}{4c_2}$$

となる．これより c_1^2, c_3^2 は 2 次方程式

$$T^2 + \frac{b}{4c_2}T + \frac{(2c_2^2 + a)^2}{16} = 0$$

の根であることがわかる．これを解いて $4c_1c_3 = -2c_2^2 - a$ が成り立つような c_1, c_3 を求めればよい．

このようにすれば $f(x) = 0$ の根を固有値にもつような巡回行列 $\varphi(W)$ を決定することができて，$\varphi(1), \varphi(\sqrt{-1}), \varphi(-1), \varphi(-\sqrt{-1})$ が求める 4 根である．

▷ **問題 4.8.** 巡回行列を使った 3 次方程式の解法を考察せよ．

4.5 方程式の始まり（省略代数から記号代数へ）

カルダノの著書「大いなる技法」には (3.1) の形の「方程式」は書いていない．繰り返しよく現れる概念や演算だけは一定の省略記号で表されてはいるものの（省略代数），基本的にはアル・フワリーズミー以来の伝統を踏襲した文章である．例えば，ルカ・パチオーリのスムマでは，x, x^2, x^3 は cosa, censo, cubo の略号 co, ce, cu で，加法や減法は $\tilde{p}, \tilde{m}$ で表されていた．従って，この記法によれば，$5x^3 - 2x^2 + 4x + 1$ は

$$5.\text{cu}.\tilde{m}.2.\text{ce}.\tilde{p}.4.\text{co}.\tilde{p}.1$$

となる．また，カルダノは負の数を「うその数」と呼び，方程式の根としては正の数しか認めていなかった．複素数を発見したボンベリでさえそうだった．さらに，公式の「証明」には数式ではなく図形（直方体の体積）が用いられた．このように，現在とは様子がだいぶ違っていたのである．

未知数や係数をアルファベット 1 文字で表現する現在のような方程式の記法を確立したのはヴィエトである．彼は，未知数には母音 (A, E, I, ...) を，係数には子音を表すアルファベット (B, C, D, ...) を用いた．著書 Zététiques (1591) では，例えば現在なら

$$\frac{F \cdot H + F \cdot B}{D + F} = E$$

と書かれる式は

$$\left\{ \begin{array}{c} F \text{ in } H \\ \hline +F \text{ in } B \\ \hline D + F \end{array} \right\} \text{aequabitur } E$$

と表記されている．また，$A^3 + 3B^2 A = 2C^3$ は

4.5 方程式の始まり（省略代数から記号代数へ） 53

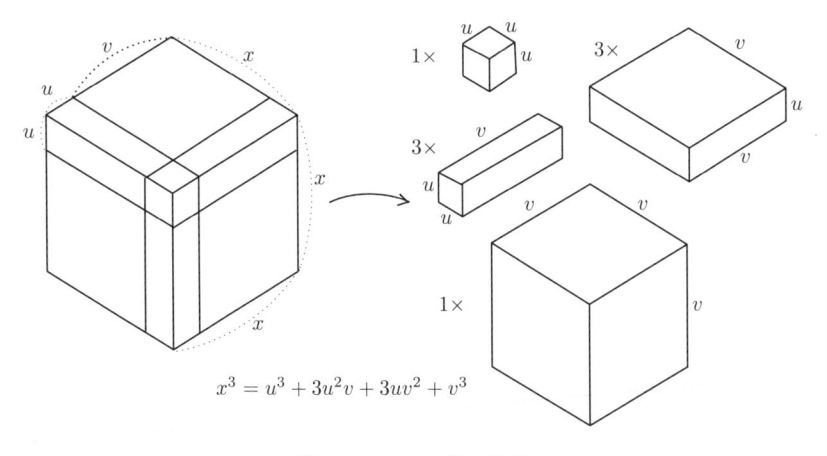

$$x^3 = u^3 + 3u^2v + 3uv^2 + v^3$$

図 4.1 $(u+v)^3$ の展開

$$A \text{ cubus } + B \text{ plano } 3 \text{ in } A \text{ aequari } C \text{ solido } 2$$

である．

　図形ではなく数式を前面に押し出すような証明法は，やはりヴィエトから始まる．すなわちヴィエトは，数式に与えた簡明な表示法を駆使して，幾何によって代数の命題を証明するのではなく，逆に代数を基礎に据えて幾何の問題を解く，という一大革命を成し遂げたのである．このように記号代数の原理と方法を確立して当時の代数学を体系化したので，ヴィエトは「代数学の父」といわれている．ヴィエトは自らの方法を，カルダノが有名にしたペルシャ起源の「アルジェブラ（代数）」ではなく，ギリシャ由来の「アナリシス（解析，分析）」であると位置づけたため「解析幾何」と呼ばれるようになったが，実態は「代数幾何」である．

　その後，デカルトやフェルマー (Pierre de Fermat, 1607–1665) が座標系を導入し，幾何と代数の融合が加速する．「数」が「長さ」から開放されてやっと，負の数や複素数が認知される基盤ができたといえる．数式の表記はデカルトによって近代化される．彼以前は，例えば $3x^2$ や $4x^3 + 5x^2 - 3x$ は $3\underset{}{②}$ や $4_{③} + 5_{②} - 3_{①}$ と書かれたりした．方法序説 (1637) の付録「幾何学」には

$$x^4 + 4x^3 - 19xx - 106x - 120 \propto 0$$

$$y^3 - byy - cdy + bcd + dxy \propto 0$$
$$y \propto -\frac{1}{2}a + \sqrt{\frac{1}{4}aa + bb}$$

などの式が見られる．等号や2乗の記号など細かいところを除けば現代と全く同じである．デカルトは，定数には a, b, c などアルファベットのはじめのほうの文字を，未知数には x, y, z などアルファベットの終わりのほうの文字を用いている．

次章では，時代は若干前後してしまうが，ガウスの業績を通して複素数の重要性を見ておこう．

第5章
複素数の威力

　虚数は負の数の平方根だが，負の数でさえちゃんとした基盤をもったものとは考えられていなかった時代では，それは二重の意味で不確定なものだった．そこで，デカルトは軽蔑的な意味を込めて「想像上の (imaginaire) 数」などと呼ぶことになる．

　複素数は，ド・モアブル (Abraham de Moivre, 1667–1754) の公式

$$(\cos\theta + \sqrt{-1}\sin\theta)^n = \cos n\theta + \sqrt{-1}\sin n\theta$$

ド・モアブル

やオイラーの公式

$$e^{\sqrt{-1}\theta} = \cos\theta + \sqrt{-1}\sin\theta$$

が発見されたり，1806年にはアルガン (Jean Robert Argand, 1768–1822) によっていわゆる複素平面の点として幾何学的に解釈されたりして，次第に市民権を得ていく．複素数の地位を高めたのはガウス (Carl Friedrich Gauss, 1777–1855) の業績である．

5.1 正17角形の作図

　代数が幾何の呪縛から開放されたお陰で，逆に代数を用いて幾何の問題を解決できるようになった．複素数は平面の点を表す数として認識される．2つの直線の交点の座標は連立1次方程式を解くこと，すなわち加減乗除で求められる．同様に，円と直線の交点や2つの円の交点は2次方程式を解くことで求められる．こうして目盛りのない定規とコンパスによる作図の問題は，既知の数を係数とする2次以下の方程式を繰り返し解くことに帰着される．

▼ 5.1.1　ガウスの着想

19 歳のカール・フリードリヒ・ガウスは，1796 年 3 月 30 日の朝に目覚めてベッドから起き上がろうとするちょうどその瞬間，目盛りのない定規とコンパスだけによる正 17 角形の作図法を思いついたという．

正 17 角形を作るには，方程式

$$X^{17} - 1 = 0$$

の 17 個の根

$$e^{2\pi\sqrt{-1}(k/17)} = \cos\frac{2k\pi}{17} + \sqrt{-1}\sin\frac{2k\pi}{17} \quad (k = 0, 1, 2, \ldots, 16)$$

を複素平面にプロットすればよい．問題は，それが定規とコンパスのみで可能かどうか，ということである．$\zeta = \cos(2\pi/17) + \sqrt{-1}\sin(2\pi/17)$ とおけば，上記の根は ζ^k ($k = 0, 1, \ldots, 16$) である．このうち $1 = \zeta^0$ を除けば，すべて 16 次方程式

$$\begin{aligned}&X^{16} + X^{15} + X^{14} + X^{13} + X^{12} + X^{11} + X^{10} + X^9 \\ &+ X^8 + X^7 + X^6 + X^5 + X^4 + X^3 + X^2 + X + 1 = 0\end{aligned} \quad (5.1)$$

の根である．(5.1) の両辺を X^{16} で割っても全く同じ形の ($1/X$ に関する)16 次方程式が得られるから，根の逆数もまた根であることがわかる．従って，16 個の根は

$$\zeta, \zeta^2, \zeta^3, \zeta^4, \zeta^5, \zeta^6, \zeta^7, \zeta^8,$$
$$\zeta^{-1}, \zeta^{-2}, \zeta^{-3}, \zeta^{-4}, \zeta^{-5}, \zeta^{-6}, \zeta^{-7}, \zeta^{-8}$$

である．複素平面では ζ^k と ζ^{-k} は実軸に関して対称な位置にある．さて，(5.1) の両辺を X^8 で割ると

$$\begin{aligned}&(X^8 + \frac{1}{X^8}) + (X^7 + \frac{1}{X^7}) + (X^6 + \frac{1}{X^6}) + (X^5 + \frac{1}{X^5}) \\ &+ (X^4 + \frac{1}{X^4}) + (X^3 + \frac{1}{X^3}) + (X^2 + \frac{1}{X^2}) + (X + \frac{1}{X}) + 1 = 0\end{aligned} \quad (5.2)$$

となる．$Y = X + 1/X$ と置き換えて

$$Y^n = \left(X + \frac{1}{X}\right)^n$$
$$= \sum_{k=0}^{n} \binom{n}{k} X^{n-k} \frac{1}{X^k}$$
$$= \sum_{k=0}^{[n/2]} \binom{n}{k} \left(X^{n-2k} + \frac{1}{X^{n-2k}}\right)$$

を使って変形すれば，(5.2) は Y の 8 次方程式になることがわかる．$\zeta, \zeta^2, \ldots, \zeta^8$ は方程式 (5.1) の根なので，こうして得られた Y の 8 次方程式の根は，

$$y_k = \zeta^k + \frac{1}{\zeta^k} \quad (k = 1, 2, \ldots, 8)$$

の 8 つである．このとき，(5.2) より

$$y_1 + y_2 + y_3 + y_4 + y_5 + y_6 + y_7 + y_8 = -1$$

であり

$$y_i y_j = (\zeta^i + \zeta^{-i})(\zeta^j + \zeta^{-j}) = \zeta^{i+j} + \zeta^{-i-j} + \zeta^{i-j} + \zeta^{j-i}$$

なので，$i \neq j$ のとき

$$y_i y_j = y_{i+j} + y_{i-j} \quad (i, j = 1, \ldots, 8)$$

が成り立つ．ただし，y の添え字は 1 から 8 までしかないので，$i + j \geqq 9$ のときには y_{i+j} は y_{17-i-j} のことだと解釈し，$i < j$ なら y_{i-j} は y_{j-i} だと考えることにする．

$y_k = \zeta^k + \zeta^{-k}$ の両辺に ζ^k を掛けると $y_k \zeta^k = (\zeta^k)^2 + 1$ となるから，いったん y_k がわかれば，ζ^k は

$$T^2 - y_k T + 1 = 0$$

の根として求められる．

第 5 章 複素数の威力

さて,
$$\alpha = y_1 + y_4 + y_2 + y_8, \quad \beta = y_3 + y_5 + y_6 + y_7$$
とおけば, $\alpha + \beta = -1$ であり

$$\begin{aligned}
\alpha\beta &= (y_1 + y_4 + y_2 + y_8)(y_3 + y_5 + y_6 + y_7) \\
&= y_1y_3 + y_1y_5 + y_1y_6 + y_1y_7 + y_4y_3 + y_4y_5 + y_4y_6 + y_4y_7 \\
&\quad + y_2y_3 + y_2y_5 + y_2y_6 + y_2y_7 + y_8y_3 + y_8y_5 + y_8y_6 + y_8y_7 \\
&= (y_2 + y_4) + (y_4 + y_6) + (y_5 + y_7) + (y_5 + y_8) \\
&\quad + (y_1 + y_7) + (y_1 + y_8) + (y_2 + y_7) + (y_3 + y_6) \\
&\quad + (y_1 + y_5) + (y_3 + y_7) + (y_4 + y_8) + (y_5 + y_7) \\
&\quad + (y_5 + y_6) + (y_3 + y_4) + (y_2 + y_3) + (y_1 + y_2) \\
&= 4(y_1 + y_2 + y_3 + y_4 + y_5 + y_6 + y_7 + y_8)
\end{aligned}$$

なので, $\alpha\beta = -4$ である. 従って, 根と係数の関係より α, β は 2 次方程式 $T^2 + T - 4 = 0$ の 2 根であることがわかる. これを解いて

$$\alpha = \frac{-1 + \sqrt{17}}{2}, \quad \beta = \frac{-1 - \sqrt{17}}{2}$$

となる.

次に, α を 2 つに分けて $\alpha_1 = y_1 + y_4, \alpha_2 = y_2 + y_8$ とおくと,

$$\begin{aligned}
\alpha_1\alpha_2 &= (y_1 + y_4)(y_2 + y_8) \\
&= y_1 + y_3 + y_8 + y_7 + y_6 + y_2 + y_5 + y_4 \\
&= -1
\end{aligned}$$

なので, これと $\alpha_1 + \alpha_2 = \alpha$ より, $T^2 - \alpha T - 1 = 0$ の 2 根が α_1, α_2 である. 従って,

$$\alpha_1, \alpha_2 = \frac{\alpha \pm \sqrt{\alpha^2 + 4}}{2} = \frac{-1 + \sqrt{17}}{4} \pm \frac{1}{2}\sqrt{\frac{17 - \sqrt{17}}{2}}$$

となる.

同様に, β を 2 つに分けて $\beta_1 = y_3 + y_5, \beta_2 = y_6 + y_7$ とおけば, $\beta_1 + \beta_2 = \beta$, $\beta_1\beta_2 = -1$ なので, これらは $T^2 - \beta T - 1 = 0$ の 2 根であり,

$$\beta_1, \beta_2 = \frac{\beta \pm \sqrt{\beta^2 + 4}}{2} = \frac{-1 - \sqrt{17}}{4} \pm \frac{1}{2}\sqrt{\frac{17 + \sqrt{17}}{2}}$$

である．
最後に，

$$y_1 y_4 = y_3 + y_5 = \beta_1, \quad y_2 y_8 = y_6 + y_7 = \beta_2,$$
$$y_3 y_5 = y_2 + y_8 = \alpha_2, \quad y_6 y_7 = y_1 + y_4 = \alpha_1$$

に注意すれば，

$$T^2 - \alpha_1 T + \beta_1 = 0,$$
$$T^2 - \alpha_2 T + \beta_2 = 0,$$
$$T^2 - \beta_1 T + \alpha_2 = 0,$$
$$T^2 - \beta_2 T + \alpha_1 = 0$$

の根としてそれぞれ y_1 と y_4, y_2 と y_8, y_3 と y_5, y_6 と y_7 が得られることがわかる．つまり

$$y_1, y_4 = \frac{\alpha_1 \pm \sqrt{\alpha_1^2 - 4\beta_1}}{2}, \quad y_2, y_8 = \frac{\alpha_2 \pm \sqrt{\alpha_2^2 - 4\beta_2}}{2}$$
$$y_3, y_5 = \frac{\beta_1 \pm \sqrt{\beta_1^2 - 4\alpha_2}}{2}, \quad y_6, y_7 = \frac{\beta_2 \pm \sqrt{\beta_2^2 - 4\alpha_1}}{2}$$

である．あとは $T^2 - y_k T + 1 = 0 \ (k = 1, \ldots, 8)$ を解いて，ζ^k, ζ^{-k} を求めればよい．例えば，

$$\zeta, \zeta^{-1} = \frac{y_1 \pm \sqrt{y_1^2 - 4}}{2}$$

という具合である．

　以上のように，繰り返し2次方程式を解くことによって，当初の16次方程式の根がすべて求められる．目盛りのない定規とコンパスで作図可能な数を係数とする2次方程式の根は，目盛りのない定規とコンパスで作図可能なので，これらはすべて作図可能である．従って，正17角形は作図可能である．
　驚くべきことに，ガウスは同時に正257角形が作図できることにも気がついている．

60　第 5 章　複素数の威力

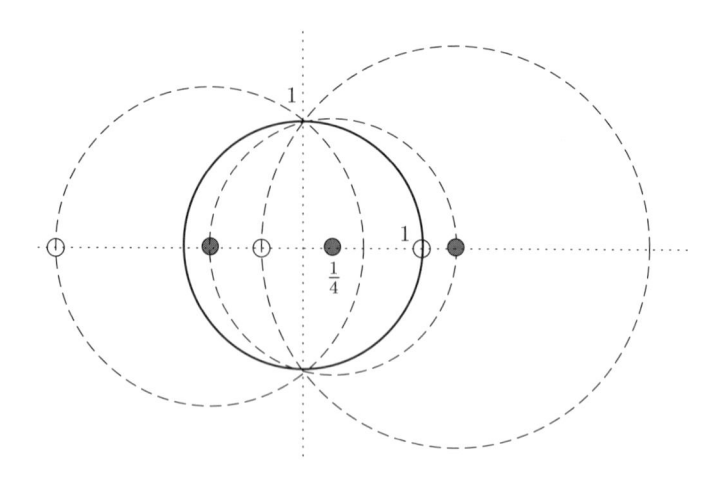

図 5.1　正 17 角形の作図 1

▼ 5.1.2　作図の実際

実際に正 17 角形を作図しようと思うと，かなり面倒である．

まず，座標平面に単位円を描く．図 5.1 では実線の円がそれである．次に，中心から測って 1/4 の位置 $(1/4, 0)$ に点をとり，それを中心にして $(0,1)$ を通る円を描く．その円と x 軸の 2 つの交点を中心とする円を，それぞれ $(0,1)$ を通るように描く．●が円の中心である．図 5.1 のように，これらの円と x 軸との交点○をマークする．また，$(1,0)$ にも○印をつける．

図 5.1 において，2 点 $(1/4, 0)$, $(0,1)$ の間の距離は $\sqrt{17}/4$ なので，両端の●の x 座標は左から順に

$$\frac{1-\sqrt{17}}{4} = -\frac{\alpha}{2}, \quad \frac{1+\sqrt{17}}{4} = -\frac{\beta}{2}$$

であり，これらと点 $(0,1)$ の間の距離はそれぞれ $\sqrt{\alpha^2+4}/2$, $\sqrt{\beta^2+4}/2$ なので，左 2 つの○の x 座標は左から順に

$$-\frac{\alpha+\sqrt{\alpha^2+4}}{2} = -\alpha_1, \quad -\frac{\beta+\sqrt{\beta^2+4}}{2} = -\beta_1$$

である．図 5.1 で 3 つの○を残し補助に用いた不要な●と点線の円を消す．

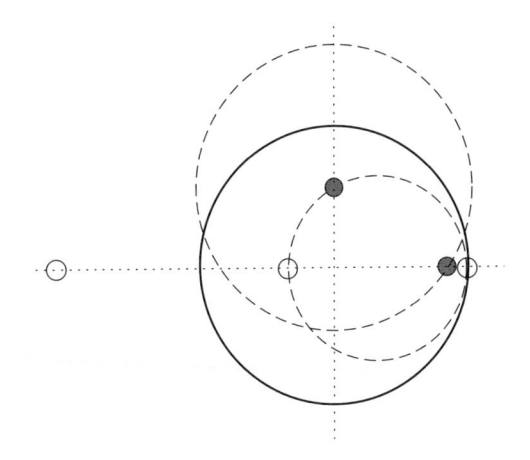

図 5.2　正 17 角形の作図 2

　右 2 つの○を直径の両端とする円を描き，y 軸との交点●をマークする．円は $((1-\beta_1)/2, 0)$ を中心とし，半径が $(1+\beta_1)/2$ の円なので，●の y 座標は $\sqrt{\beta_1}$ である．次に，この●を中心に，原点と一番左の○の間の長さ α_1 を直径とする円を描く．それと x 軸の交点のうち右の○に近いほうに印●を付ける (図 5.2 参照).

　この●の x 座標は $\sqrt{\alpha_1^2 - 4\beta_1}/2$ である．

　最後にとった●を中心とし，もう一方の●を通る円を描く．この円と x 軸の交点のうち，x 座標が大きいほうに●を付ける．円の半径は $\alpha_1/2$ なので，この●の x 座標は，

$$y_1 = \frac{\alpha_1 + \sqrt{\alpha_1^2 - 4\beta_1}}{2}$$

となる．

　原点とこの●を結ぶ線分の垂直 2 等分線を考え，それと単位円の交点○をマークする (図 5.3)．この○の座標は

$$\left(\frac{y_1}{2}, \frac{\sqrt{4-y_1^2}}{2}\right)$$

なので，対応する複素数は ζ に他ならない．

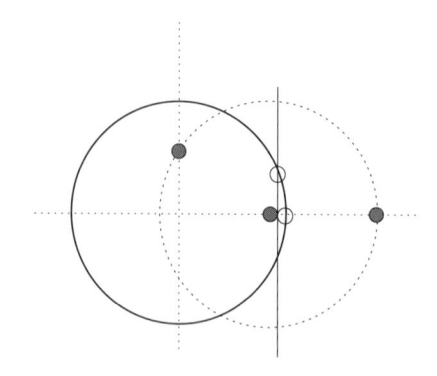

図 5.3 正 17 角形の作図 3

以上より，図 5.3 において 2 つの ○ 間の長さが正 17 角形の 1 辺の長さだから，正 17 角形が作図できる．

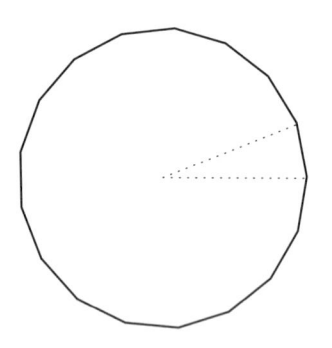

図 5.4 正 17 角形

5.2 代数学の基本定理

さて，2 次，3 次，4 次方程式は根の公式が見つかって解けたので，次は 5 次以上の方程式の番である．

そもそも代数方程式は，未知数のべきに係数を掛けてそれを足し合わせて作られているのだから，その逆演算であるべき根をとる操作によって解けるもの，と考えるのは非常に自然である．ただ，負の数の平方根をとる操作で

複素数という新しい数が現れたのだから，もっと高いべき根をとるとなれば，もっと別な数が必要になるかもしれないのだ．つまり複素数を知ってさえいればどんな4次以下の方程式でも解けるわけだが，より次数の高い方程式を解こうとする場合には，それでは済まなくなる危険性がある．もしそうならば5次, 6次... と次数を高くしていくに従って，どんどん「新しい数」を考案しなければならなくなるであろう．

ガウスが学位論文

C.F. Gauss, "Demonstratio nova theorematis functionem algebraicam rationalem integram unius variabilis in factores reales primi vel secundi gradus resolvi poss", Dissertation, Helmstedt (1799); Werke 3, 130 (1866) において証明した次の定理は,「もうこれ以上新しい数を考えなくとも構わない」という結論を導く画期的なものである．

定理 5.1 (代数学の基本定理). 複素数を係数とする1次以上の方程式は，少なくとも1つ複素数の根をもつ．

▼ 5.2.1 証　明

複素数を係数とする，未知数が1つの n 次代数方程式

$$f(X) = a_0 X^n + a_1 X^{n-1} + \cdots + a_{n-1} X + a_n = 0$$

が考察の対象である．もちろん，最高次の係数 a_0 は零ではないとする．左辺の多項式 $f(X)$ の X に複素数を代入して計算すれば，複素数が得られるので，$f(X)$ を複素平面上の複素数値関数だとみなすことにする．

まず，簡単な補題を2つ用意する．基本的な道具は3角不等式

$$|\alpha| + |\beta| \geqq |\alpha + \beta| \geqq ||\alpha| - |\beta||$$

である．ここに $|z|$ は複素数 z の絶対値である．2つの実数 x, y を用いて $z = x + y\sqrt{-1}$ と書くとき $|z| = \sqrt{x^2 + y^2}$ と定めるのだった．z の共役複素数 $\bar{z} = x - y\sqrt{-1}$ を用いれば $|z| = \sqrt{z\bar{z}}$ である．

補題 5.2. α を複素数とする. m 次方程式 $X^m - \alpha = 0$ は複素数の根をもつ.

《証明》 $\alpha = re^{\sqrt{-1}\theta}$ と極形式で書いたとき, $\sqrt[m]{r}e^{\sqrt{-1}\theta/m}$ は根である. □

補題 5.3. 定数でない多項式 $f(X)$ について, $|X| \to \infty$ のとき, $|f(X)| \to \infty$ である.

《証明》 次数に関する数学的帰納法を用いる. 始めに, $f(X)$ が 1 次ならば定数 a, b を用いて $f(X) = aX + b$ と書ける. 3 角不等式から, $|f(X)| = |aX + b| \geqq ||aX| - |b||$ なので, $|X|$ をどんどん大きくすれば $|f(X)|$ もどんどん大きくなることがわかる. 次に $n-1$ 次の多項式について命題が正しいと仮定する. n 次多項式 $f(X)$ に対して, 定数項とそれ以外に分けることによって $f(X) = Xa(X) + b$ と書ける. ここに $a(X)$ は $n-1$ 次多項式で, b は定数である. 帰納法の仮定より $|X| \to \infty$ のとき $|a(X)| \to \infty$ となるから, 3 角不等式 $|f(X)| \geqq ||a(X)X| - |b||$ を使えば, 結局 $|f(X)| \to \infty$ であることがいえる. 以上で主張は証明された. □

次は少し難しい.

補題 5.4. 複素数 α が方程式 $f(X) = 0$ の根でなければ, $|f(\beta)| < |f(\alpha)|$ となるような複素数 β を α にいくらでも近いところに見つけることができる.

《証明》 $f(\alpha) = a$ とおく. 仮定から α は $f(X) = 0$ の根ではないので $a \neq 0$ である. 多項式 $f(X) - a$ は剰余の定理から $X - \alpha$ で割り切れるので, ある自然数 m と多項式 $g(X)$ によって $f(X) - \alpha = (X - \alpha)^m g(X)$ と書ける. ここに $g(X)$ はもはや $X - \alpha$ では割り切れないとしてよいから, $g(X) = b + (X - \alpha)h(X), b \neq 0$ なる形である. よって

5.2 代数学の基本定理

$$f(X) = a + b(X-\alpha)^m + (X-\alpha)^{m+1}h(X) \quad (a \neq 0, b \neq 0)$$

と変形された．ここで $c^m = -b/a$ となる複素数 c をとる（このような複素数の存在は補題 5.2 で保証されている）．そして，正の実数 r をとって $\beta = r/c + \alpha$ とおく．すると

$$f(\beta) = a\left(1 - r^m - r^{m+1}\frac{h(r/c+\alpha)}{bc}\right)$$

となる．これから, r を十分小さくとれば必ず $|f(\beta)| < |f(\alpha)|$ となってしまうことを示していこう． $r < 1$ とすると

$$\begin{aligned}
|f(\beta)| &= |a(1 - r^m - r^{m+1}\tilde{h})| & (\text{ただし } \tilde{h} = h(r/c+\alpha)/bc) \\
&= |a||1 - r^m - r^{m+1}\tilde{h}| \\
&\leqq |a|(|1 - r^m| + |r^{m+1}\tilde{h}|) & (\text{3角不等式}) \\
&= |a|(1 - r^m + r^{m+1}|\tilde{h}|) & (0 < r < 1) \\
&= |a| - |a|r^m(1 - r|\tilde{h}|)
\end{aligned}$$

今, $r \to 0$ とすると $\tilde{h} \to h(\alpha)/bc$ (定数) なので r を十分小さくすれば, $1 - r|\tilde{h}| > 0$ となる．よってこれが成立するような十分小さい r を予めとっておいて β を決めれば, $|f(\beta)| < |a| = |f(\alpha)|$ が成り立つ． r は正である限りいくらでも小さくとれるから, β は α に好きなだけ近づけてとることができる． □

以上で準備が完了したので，代数学の基本定理を証明する．

[代数学の基本定理の証明] 補題 5.3 から，どんな定数 C をとっても, X が原点から十分離れていれば $|f(X)| > C$ となることがわかる．

いま $C = |f(0)|$ にこれを適用する: 複素平面内に原点を中心とする非常に大きな半径 R の閉円板 $D = \{X \mid |X| \leq R\}$ を考えると，これの周上の任意の点 X に対して $|f(X)| > |f(0)|$ が成立するようにできる． D は有界な閉集合であって $|f(X)|$ はその上の実数値連

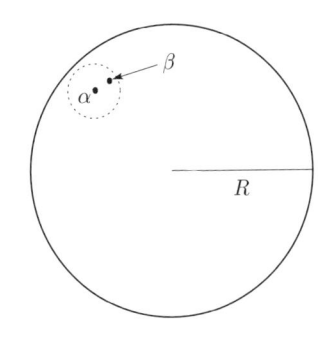

続関数だから，最大・最小値の原理から $|f(X)|$ を最小にするような点 $\alpha \in D$ が見つかる．もし α が D の周上にあれば，$|f(\alpha)| > |f(0)|$ となって $|f(\alpha)|$ が最小値であることに矛盾してしまうから，α は D の内部にあると結論できる．もし $|f(\alpha)| \neq 0$ ならば，補題 5.4 から α の十分近くにある複素数 β で $|f(\beta)| < |f(\alpha)|$ となるものが見つかるはずである．もちろん β は D に含まれるようにとれるから，これは $|f(X)|$ の D 上の最小値が $|f(\alpha)|$ であることに矛盾する．従って $|f(\alpha)| = 0$，すなわち $f(\alpha) = 0$ でなければならない． □

さて，定理には「少なくとも 1 つ」という遠慮した表現が見られるが，実は直ちに次のことがわかってしまう．

> **系 5.5.** 複素数を係数とする n 次方程式は，重複を込めてちょうど n 個の複素数の根をもつ．

《**証明**》 数学的帰納法を用いる．1 次方程式については主張は明らか．$n-1$ 次方程式について主張が正しいと仮定する．n 次方程式 $f(X) = 0$ の複素数の根を α とする．根 α の存在は代数学の基本定理で保証されている．さて，剰余の定理から $f(X)$ は $X - \alpha$ で割り切れるので $n-1$ 次の多項式 $g(X)$ を商として $f(X) = (X - \alpha)g(X)$ と書ける．$n-1$ 次方程式 $g(X) = 0$ に対して帰納法の仮定を適用すれば，これは重複を込めてちょうど $n-1$ 個の複素数の根をもつ．従って方程式 $f(X) = 0$ に対しても主張は正しい． □

そういうわけで，理屈の上では，代数方程式は複素数の範囲で完全に解けてしまう．あとは解き方を見つければよいのだが…

▼ 5.2.2 ガウスに至るまで

代数学の基本定理 (の原型) については，1629 年にジラール (Albert Girard, 1595–1632) が言及したのが最初とされるが，そのわずか数年後にデカルトは本質的に同じ主張をしている．きっかけになったのは，次の命題である．

> 実数係数の多項式は（実数の範囲で）1 次式と 2 次式の積に因数分解される．

5.2 代数学の基本定理

この命題と先に述べた代数学の基本定理との関係は次の通りである．$f(X)$ を実数係数の n 次多項式だとする．代数学の基本定理によれば，方程式 $f(X)=0$ は複素数の範囲では重複を込めて n 個の根 $\alpha_1,\ldots,\alpha_n$ をもつから，複素数の範囲で

$$f(X) = a_0(X-\alpha_1)(X-\alpha_2)\cdots(X-\alpha_n)$$

のように因数分解される．a_0 は X^n の係数であり，零でない実数である．両辺の共役複素数をとると

$$\overline{f(X)} = a_0(\overline{X}-\bar{\alpha}_1)(\overline{X}-\bar{\alpha}_2)\cdots(\overline{X}-\bar{\alpha}_n)$$

となる．一方，$f(X)$ の係数はすべて実数なので $\overline{f(X)}=f(\overline{X})$ が成立する．方程式 $f(\overline{X})=0$ は，$f(X)=0$ において未知数 X を別な文字 $\overline{X}$ に置き換えただけなので，両者は方程式としては全く同じである．従って $\bar{\alpha}_1,\ldots,\bar{\alpha}_n$ も $f(X)=0$ の根である．つまり各 i に対して $\alpha_i=\bar{\alpha}_j$ をみたす番号 j が見つかる．α_i が実数ならばもちろん $j=i$ としてよい．α_i が実数でない複素数のときは $j\ne i$ かつ $\alpha_j=\bar{\alpha}_i$ である．このとき

$$(X-\alpha_i)(X-\alpha_j) = (X-\alpha_i)(X-\bar{\alpha}_i) = X^2 - (\alpha_i+\bar{\alpha}_i)X + \alpha_i\bar{\alpha}_i$$

となって実数係数の 2 次式が得られる．実際，$\alpha_i+\bar{\alpha}_i$ は α_i の実部の 2 倍で，$\alpha_i\bar{\alpha}_i$ は α_i の絶対値の 2 乗だから，どちらも実数である．$f(X)$ の因数分解の式において，$i=1$ から順番に α_i が実数か否かを見ていって，実数ならば 1 次式 $X-\alpha_i$ をそのまま残し，実数でなければ α_i の共役複素数 α_j が見つかるから，それらを一組と考えて $(X-\alpha_i)(X-\alpha_j)$ を上のような 2 次式に置き換えていく．すると，最終的には $f(X)$ が実数係数の 1 次式と 2 次式の積に分解することが了解される．

微積分の教科書を見ればわかるように，実係数多項式が 1 次式と 2 次式に因数分解されるという事実は有理関数の積分を考える際に本質的である．

代数学の基本定理の証明は以下の数学者によって試みられた．錚々たる顔ぶれである．

(1) ダ・ランベール Jean le Rond d'Alembert (1746, 1754)

(2) オイラー Leonhard Euler (1749)

(3) ド・フォンスネ Daviet de Foncenex (1759)
(4) ラグランジュ Joseph Louis Lagrange (1772)
(5) ラプラス Pierre Simon Laplace (1795)
(6) ウッド James Wood (1798)
(7) ガウス Carl Friedrich Gauss (1799, 1814/15, 1816, 1848)

ガウス以前の証明はすべて，根の存在を仮定した上でそれが複素数であることを示すという方針をとっていて，(現在では修正されているものもあるが) 議論に不備な点が見つかった．一方，ガウスの証明は根の存在を仮定していない．彼は代数学の基本定理を大変重要なものと考えていたようで，全部で 4 種類の異なる証明を与えている．その中の幾何学的な証明の概略は次の通りである．

[**代数学の基本定理の別証明**]　$f(X) = X^n + a_1 X^{n-1} + \cdots + a_{n-1} X + a_n$ とおく．方程式 $f(X) = 0$ には複素数の根がないと仮定して，矛盾を導く．

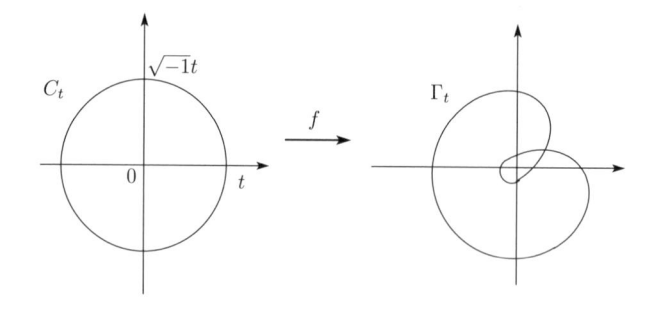

Step 0. まず $f(X)$ を複素平面からそれ自身への写像 $f : \mathbb{C} \to \mathbb{C}$ だと考えて，原点を中心とし半径が t の円 C_t の f による像を Γ_t と書く．これは連結閉曲線であり，仮定から $f(X)$ は決して 0 にならないから Γ_t は原点を通らない．Γ_t が原点の周りを回る回数（回転数）を $r(t)$ とする．t を連続的に変化させるとき，Γ_t も連続的に変化するので，$r(t)$ は t に関して連続な整数値関数である．0 より大きい実数全体は連結なので，$r(t)$ は t に依らず一定であることがわかる．

Step 1. t が非常に小さい場合を考える．$f(0) \neq 0$ なので，$a_n \neq 0$ であ

5.2 代数学の基本定理

る．$X \in C_t$ のとき

$$|f(X) - a_n| = |X(X^{n-1} + \cdots + a_{n-2}X + a_{n-1})|$$
$$= |X| \cdot |X^{n-1} + \cdots + a_{n-2}X + a_{n-1}|$$
$$\leqq t(t^{n-1} + \cdots + |a_{n-2}|t + |a_{n-1}|)$$

なので，$t \to 0$ のとき $|f(X) - a_n| \to 0$ である．すなわち，t が非常に小さければ Γ_t 上の点は a_n の十分近くにある．よって Γ_t は 0 の周りを回らないから $r(t) = 0$ である．

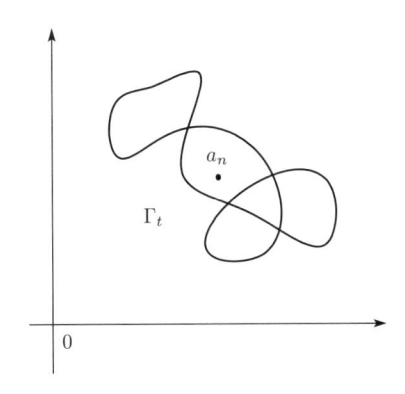

Step 2. 次に t が非常に大きい場合を考える．

$$f(X) = X^n \left(1 + \frac{a_1}{X} + \frac{a_2}{X^2} + \cdots + \frac{a_n}{X^n}\right)$$

と書き直せることを念頭において，1から0まで動くパラメータ s に対して

$$f_s(X) = X^n \left(1 + s\left(\frac{a_1}{X} + \frac{a_2}{X^2} + \cdots + \frac{a_n}{X^n}\right)\right)$$

とおく．$f_1(X) = f(X)$ である．f_s による C_t の像を $\Gamma_{t,s}$ とおく．これも連結な閉曲線でパラメータ s について連続に変化する．$|X|$ が十分に大きければ

$$\left|\frac{a_1}{X} + \frac{a_2}{X^2} + \cdots + \frac{a_n}{X^n}\right| < 1$$

が成り立つので，$\Gamma_{t,s}$ は 0 を通らない．$\Gamma_{t,s}$ が原点の周りを回る回数は s に依らず一定であり，それは $r(t)$ に他ならない．今，$\Gamma_{t,0}$ に対してそれを計算してみよ

う．$f_0 = X^n$ なので，$X = te^{\sqrt{-1}\theta} \in C_t$ とすると $f_0(X) = t^n e^{n\sqrt{-1}\theta} \in \Gamma_{t,0}$ となる．従って $\Gamma_{t,0}$ は 0 を中心とし半径が t^n の円周である．また，θ が 0 から 2π まで変化するとき $n\theta$ は 0 から $2n\pi$ まで変化するから，点 X が C_t を 1 周すれば点 $f_0(X)$ は $\Gamma_{t,0}$ を n 周する．すなわち $\Gamma_{t,0}$ の回転数は n である．

Step 2 より t が十分大きいとき $r(t) = n$ と結論されるが，一方で Step 1 より t が非常に小さいときは $r(t) = 0$ だった．このことは Step 0 で見た $r(t)$ が一定であるという事実に矛盾する．従って，$f(z) = 0$ となる複素数 z が存在する． □

第6章
根の置換と対称式

5次以上の代数方程式には根の公式が存在しない．この驚くべき定理の証明は，ラグランジュ，ルフィニを経てアーベルによって1824年に完成された．本章と次章でその概略を紹介しよう．

本章では下準備として有理対称式を扱う．

6.1 根と係数の関係

n 個の文字 $x_1, x_2, \ldots, x_n$ から任意に異なる k 個を選んで掛け合わせ，それらをすべて加えて作った式を $x_1, \ldots, x_n$ に関する k 次**基本対称式**と呼び，$\sigma_k(x_1, \ldots, x_n)$ で表す．混乱が生じない場合には単に σ_k と略記する．n 個のものから異なる k 個を選ぶ選び方は，全部で $\binom{n}{k}$ だけあるので，σ_k に現れる項の数はこれに等しい．基本対称式をすべて書き下すと

$$\begin{cases} \sigma_1 = x_1 + x_2 + \cdots + x_n \\ \sigma_2 = \sum_{1 \leq i < j \leq n} x_i x_j = x_1 x_2 + \cdots + x_{n-1} x_n \\ \vdots \\ \sigma_k = \sum_{1 \leq i_1 < i_2 < \cdots < i_k \leq n} x_{i_1} x_{i_2} \cdots x_{i_k} \\ \vdots \\ \sigma_n = x_1 \cdots x_n \end{cases}$$

のようになる．

基本対称式に最初にお目にかかるのは，おそらく2次方程式の「根と係数の関係」においてであろう．2次方程式 $X^2 + a_1 X + a_2 = 0$ の2根を x_1, x_2 とすれば

$$X^2 + a_1 X + a_2 = (X - x_1)(X - x_2)$$

$$= X^2 - (x_1 + x_2)X + x_1 x_2$$

なので，両辺の係数を比較して

$$\begin{cases} x_1 + x_2 = -a_1, \\ x_1 x_2 = a_2 \end{cases}$$

である．これが 2 次方程式の根と係数の関係だが，左辺に現れる 2 つの式 $x_1 + x_2, x_1 x_2$ は，2 つの文字 x_1, x_2 に関する基本対称式である．同様に，3 次方程式 $X^3 + a_1 X^2 + a_2 X + a_3 = 0$ の 3 根を x_1, x_2, x_3 とすれば

$$X^3 + a_1 X^2 + a_2 X + a_3$$
$$= (X - x_1)(X - x_2)(X - x_3)$$
$$= X^3 - (x_1 + x_2 + x_3)X^2 + (x_1 x_2 + x_2 x_3 + x_3 x_1)X - x_1 x_2 x_3$$

より，

$$\begin{cases} x_1 + x_2 + x_3 = -a_1, \\ x_1 x_2 + x_2 x_3 + x_3 x_1 = a_2, \\ x_1 x_2 x_3 = -a_3 \end{cases}$$

であり，左辺の $x_1 + x_2 + x_3, x_1 x_2 + x_2 x_3 + x_3 x_1, x_1 x_2 x_3$ は，それぞれ 3 つの文字 x_1, x_2, x_3 に関する 1 次，2 次，3 次の基本対称式である．同様に，n 次方程式

$$X^n + a_1 X^{n-1} + a_2 X^{n-2} + \cdots + a_{n-1} X + a_n = 0 \qquad (6.1)$$

の根を $x_1, \ldots, x_n$ とすれば，根と係数の関係は，恒等式

$$X^n + a_1 X^{n-1} + \cdots + a_{n-1} X + a_n = (X - x_1)(X - x_2) \cdots (X - x_n)$$

において右辺を展開した後，両辺の X^k の係数を $k = 0, 1, \ldots, n-1$ に対して比較することにより得られる．それは根 $x_1, \ldots, x_n$ に関する n 個の基本対称式 $\sigma_1, \ldots, \sigma_n$ を方程式の係数で表示したものに他ならず，係数 $a_1, \ldots, a_n$ は $x_1, \ldots, x_n$ に関する基本対称式の符号を調節したものとして表示される．

> **定理 6.1** (根と係数の関係).　n 次方程式 $X^n + a_1 X^{n-1} + a_2 X^{n-2} + \cdots + a_{n-1} X + a_n = 0$ の根を $x_1, \ldots, x_n$ とすれば，等式
> $$\sigma_k(x_1, \ldots, x_n) = (-1)^k a_k \qquad (k = 1, 2, \ldots, n) \tag{6.2}$$
> が成り立つ．

根と係数の関係を発見したのはアルベール・ジラールである．

6.2　置換と対称式

容易に確かめられるように，n 個の文字 $x_1, \ldots, x_n$ に関する基本対称式 $\sigma_k(x_1, \ldots, x_n)$ は，どれをとっても，これら n 文字のどんな入れ替えに対しても不変である．このような性質をもつ $x_1, \ldots, x_n$ の式を総称して**対称式**と呼ぶ．$F = F(x_1, \ldots, x_n)$ と $G = G(x_1, \ldots, x_n)$ が対称式ならば，和 $F + G$ や積 FG も対称式である．従って，複数の対称式に加減乗除を施して得られる式はまた対称式である．

エドワード・ウェアリング (Edward Waring, 1734–1798) は，著書「解析学雑録」(Miscellanea Analytica, Cambridge 1762) で，代数方程式の根全体に関する対称式である任意の有理関数は，その方程式の係数の有理関数として表すことができることを示した．

> **定理 6.2** (対称式の基本定理).　n 個の文字 $x_1, \ldots, x_n$ に関するどんな多項式でもそれが対称式ならば，基本対称式 $\sigma_1, \ldots, \sigma_n$ の多項式として表示できる．

《証明》　まず多変数の多項式において，項の次数の高低を定めておく．2 つの単項式 $x_1^{k_1} x_2^{k_2} \cdots x_n^{k_n}$ と $x_1^{\ell_1} x_2^{\ell_2} \cdots x_n^{\ell_n}$ における変数のべきを比べて，$k_1 = \ell_1, \ldots, k_i = \ell_i$ だが $k_{i+1} > \ell_{i+1}$ であるような i がみつかるとき $x_1^{k_1} x_2^{k_2} \cdots x_n^{k_n}$ のほうが $x_1^{\ell_1} x_2^{\ell_2} \cdots x_n^{\ell_n}$ より次数が高い，と約束する．いわゆる辞書式順序である．多項式 $F = F(x_1, \ldots, x_n)$ のこういう意味での最

高次の項を $LT(F)$ と書く．容易にわかるように，多項式 F, G について $LT(FG) = LT(F)LT(G)$ が成り立つ．

さて，多項式 $F = F(x_1, \ldots, x_n)$ が対称式だとして，$LT(F) = cx_1^{k_1} x_2^{k_2} \cdots x_n^{k_n}$ とおく．このとき，$k_1 \geq k_2 \geq \cdots \geq k_n$ である．なぜなら，もし $k_i < k_{i+1}$ ならば，F は対称式なので $LT(F)$ において x_i と x_{i+1} を入れ替えた単項式 $cx_1^{k_1} \cdots x_{i+1}^{k_i} x_i^{k_{i+1}} \cdots x_n^{k_n}$ を必ず含む．しかし，上で決めた次数の高低の規則を適用すると，こちらのほうが $LT(F)$ より高次になってしまい矛盾である．従って $k_1 \geq k_2 \geq \cdots \geq k_n$ が成り立つ．

基本対称式の積 $\sigma_1^{k_1-k_2} \sigma_2^{k_2-k_3} \cdots \sigma_{n-1}^{k_{n-1}-k_n} \sigma_n^{k_n}$ の最高次の項は，

$$LT(\sigma_1)^{k_1-k_2} \cdots LT(\sigma_n)^{k_n}$$
$$= x_1^{k_1-k_2} (x_1 x_2)^{k_2-k_3} \cdots (x_1 \cdots x_i)^{k_i-k_{i+1}} \cdots (x_1 \cdots x_n)^{k_n}$$
$$= x_1^{k_1} x_2^{k_2} \cdots x_n^{k_n}$$

なので，対称式 $F - c\sigma_1^{k_1-k_2} \sigma_2^{k_2-k_3} \cdots \sigma_{n-1}^{k_{n-1}-k_n} \sigma_n^{k_n}$ を考えれば，その最高次の項の次数は F のそれより小さくなる．この新しく得られた対称式に上と同様の操作を施すと，最高次の項の次数はさらに減る．従って，定理の主張は次数に関する帰納法より証明される． $\square$

例えば $n = 3$ のとき

$$x_1^2 + x_2^2 + x_3^2 = (x_1 + x_2 + x_3)^2 - 2(x_1 x_2 + x_2 x_3 + x_3 x_1)$$
$$= \sigma_1^2 - 2\sigma_2$$

$$x_1^2 x_2 + x_2^2 x_3 + x_3^2 x_1 + x_1 x_2^2 + x_2 x_3^2 + x_3 x_1^2$$
$$= (x_1 + x_2 + x_3)(x_1 x_2 + x_2 x_3 + x_3 x_1) - 3 x_1 x_2 x_3$$
$$= \sigma_1 \sigma_2 - 3\sigma_3$$

$$x_1^3 + x_2^3 + x_3^3$$
$$= (x_1 + x_2 + x_3)^3 - 3(x_1^2 x_2 + x_2^2 x_3 + x_3^2 x_1 + x_1 x_2^2 + x_2 x_3^2 + x_3 x_1^2)$$

$$-6x_1x_2x_3$$
$$=\sigma_1^3-3\sigma_1\sigma_2+3\sigma_3$$

である.

与えられた式が対称式かどうかを判定する際に，定義に戻って変数のあらゆる入れ替えを施して調べるのは大変な作業である．次の便利な判定法を使うとよい．

> **定理 6.3.** 式 $F=F(x_1,\ldots,x_n)$ が対称式であるための必要十分条件は，どんな $j=2,\ldots,n$ についても，F が x_1 と x_j の入れ替えで不変なことである．

この定理を示すために，置換（並べ替え）についての基本事項を復習しておこう．

$1,2,\ldots,n$ の置換とは，集合 $\{1,2,\ldots,n\}$ からそれ自身への全単射（上への 1 対 1 写像）のことである．よって置換は $1,2,\ldots,n$ の並べ替えだとみなせるので，全部で $n!$ 個ある．

置換 $\rho:\{1,2,\ldots,n\}\to\{1,2,\ldots,n\}$ は，しばしば

$$\begin{pmatrix} 1 & 2 & \cdots & n \\ \rho(1) & \rho(2) & \cdots & \rho(n) \end{pmatrix}$$

のように書き表される．例えば

$$\begin{pmatrix} 1 & 2 & 3 & 4 \\ 2 & 4 & 1 & 3 \end{pmatrix}$$

は，1を2に，2を4に，3を1に，4を3に，というように上の行に書いてある数を直下の数に写す置換を表す．写像なのだから，どの数がどの数に写るかだけが問題であり，1行目が必ずしも $1,2,3,4$ のように整然と順番通りに並んでいる必要はない．従って，上のものと

$$\begin{pmatrix} 2 & 4 & 1 & 3 \\ 4 & 3 & 2 & 1 \end{pmatrix} \text{や} \begin{pmatrix} 4 & 3 & 2 & 1 \\ 3 & 1 & 4 & 2 \end{pmatrix}$$

は，全く同じ置換を表している．

いくつかの数 $i, j, k, \ldots, \ell$ に対して，それ以外の数は不変にして，i を j に，j を k にというように順番に移していって，最後の ℓ を i に移すような置換を $(i\ j\ k\ \cdots\ \ell)$ と書いて**巡回置換**と呼んだ．上の例は巡回置換 $(1\ 2\ 4\ 3)$ である．特に，2文字の巡回置換，すなわち，2つの数 i, j のみを入れ替えてその他の数を不変にする置換を**互換**といい $(i\ j)$ と書く．例えば

$$\begin{pmatrix} 1 & 2 & 3 & 4 & 5 \\ 3 & 2 & 1 & 4 & 5 \end{pmatrix} = (1\ 3)$$

である．

2つの置換 ρ と τ の積 $\tau\rho$ を写像の合成 $\tau \circ \rho$ として定める．従って

$$\tau\rho = \begin{pmatrix} 1 & 2 & \cdots & n \\ \tau(1) & \tau(2) & \cdots & \tau(n) \end{pmatrix} \begin{pmatrix} 1 & 2 & \cdots & n \\ \rho(1) & \rho(2) & \cdots & \rho(n) \end{pmatrix}$$

$$= \begin{pmatrix} 1 & 2 & \cdots & n \\ \tau(\rho(1)) & \tau(\rho(2)) & \cdots & \tau(\rho(n)) \end{pmatrix}$$

である．この積について，$1, 2, \ldots, n$ の置換全体 S_n は群をなす．すなわち，次が成り立つ．

∗**結合法則** 任意の $\rho, \sigma, \tau \in S_n$ に対して

$$\rho(\sigma\tau) = (\rho\sigma)\tau$$

が成り立つ．

∗**単位元の存在** 任意の $\rho \in S_n$ に対して $\rho 1_n = 1_n \rho$ が成り立つ．ただし

$$1_n = \begin{pmatrix} 1 & 2 & \cdots & n \\ 1 & 2 & \cdots & n \end{pmatrix} \in S_n$$

は**恒等置換**である．

∗**逆元の存在** 任意の $\rho \in S_n$ に対して，その**逆置換**

$$\rho^{-1} = \begin{pmatrix} \rho(1) & \rho(2) & \cdots & \rho(n) \\ 1 & 2 & \cdots & n \end{pmatrix}$$

を考えれば，$\rho^{-1} \in S_n$ であって，$\rho\rho^{-1} = \rho^{-1}\rho = 1_n$ が成立する．

S_n を n 次**対称群**と呼ぶ.

補題 6.4. 任意の置換は互換の積に分解する.

《証明》 まず, $n=2$ の場合を考える. $S_2 = \left\{ \begin{pmatrix} 1 & 2 \\ 1 & 2 \end{pmatrix}, \begin{pmatrix} 1 & 2 \\ 2 & 1 \end{pmatrix} \right\}$ である. $\begin{pmatrix} 1 & 2 \\ 2 & 1 \end{pmatrix}$ はこれ自身が互換であり, また恒等置換は

$$1_2 = \begin{pmatrix} 1 & 2 \\ 1 & 2 \end{pmatrix} = \begin{pmatrix} 1 & 2 \\ 2 & 1 \end{pmatrix} \begin{pmatrix} 1 & 2 \\ 2 & 1 \end{pmatrix}$$

のように互換の積で表示できる.

次に S_{n-1} の任意の元が互換の積に分解すると仮定する. $\rho \in S_n$ を任意にとり, $\rho(n) = i$ とおく. もし $i = n$ ならば ρ は n を動かさないから, 実質的に S_{n-1} の元とみなせ, 仮定より互換の積に分解する. よって $i \neq n$ としてよい. このとき $\sigma = (i\ n)\rho$ とおけば $\sigma(n) = n$ となるから, 前半で見たことから σ は互換の積に分解し $\sigma = \rho_1 \rho_2 \cdots \rho_k$ と表示される. ここに $\rho_1, \ldots, \rho_k$ は互換である. すると, $(i\ n)^{-1} = (i\ n)$ に注意して, $(i\ n)$ を両辺に左から掛けることにより

$$(i\ n)\sigma = \rho = (i\ n)\rho_1 \rho_2 \cdots \rho_k$$

を得る. よって ρ も互換の積で表示できた. □

変数 $x_1, \ldots, x_n$ の式 $F(x_1, \ldots, x_n)$ と $\rho \in S_n$ に対し, 新しい式 $^\rho F$ を

$$(^\rho F)(x_1, x_2, \ldots, x_n) := F(x_{\rho(1)}, x_{\rho(2)}, \ldots, x_{\rho(n)})$$

によって定める. これは, F の変数を ρ が定める規則に従って入れ替えたものに他ならない. 式が与えられたとき, このようにして, 1つの置換に対して変数の入れ替えが1つ定まる. この記号を用いれば, F が対称式であるとは, 任意の $\rho \in S_n$ に対して $^\rho F = F$ が成り立つことであると表現することができる. 2つの置換 $\rho, \tau \in S_n$ に対しては

$$(^\tau(^\rho F))(x_1,\ldots,x_n) = {}^\tau F(x_{\rho(1)}, x_{\rho(2)}, \ldots, x_{\rho(n)})$$
$$= F(x_{\tau(\rho(1))},\ldots,x_{\tau(\rho(n))})$$
$$= (^{(\tau\rho)}F)(x_1,\ldots,x_n),$$

すなわち $^\tau(^\rho F) = {}^{(\tau\rho)}F$ が成り立つ．また，2 つの式 F, G の和や積に対しては，明らかに

$$^\rho(F+G) = {}^\rho F + {}^\rho G, \ {}^\rho(FG) = {}^\rho F\,{}^\rho G$$

となる．

ここで，特別な多項式

$$\Delta_n = \prod_{1 \leqq i < j \leqq n}(x_i - x_j) = \begin{matrix} (x_1-x_2)(x_1-x_3)\cdots(x_1-x_n) \\ \times(x_2-x_3)\cdots(x_2-x_n) \\ \ddots \quad \vdots \\ \times(x_{n-1}-x_n) \end{matrix} \quad (6.3)$$

を考える[*1]．Δ_n は $x_1,\ldots,x_n$ の差積と呼ばれる．$n=2,3$ の場合

$$\Delta_2 = x_1 - x_2, \ \Delta_3 = (x_1-x_2)(x_1-x_3)(x_2-x_3)$$

となっている．

例えば互換 $(1\ 2)$ について

$$^{(1\ 2)}\Delta_n = \begin{matrix} (x_2-x_1)(x_2-x_3)\cdots(x_2-x_n) \\ \times(x_1-x_3)\cdots(x_1-x_n) \\ \ddots \quad \vdots \\ \times(x_{n-1}-x_n) \end{matrix} = -\Delta_n$$

となるように，任意の互換 $(i\ j)$ に対して

$$^{(i\ j)}\Delta_n = -\Delta_n$$

が成り立つ．よって，置換 $\tau \in S_n$ が m 個の互換の積で表されているならば $^\tau\Delta_n = (-1)^m \Delta_n$ となる．置換を互換の積として表す方法はひと通りではな

[*1] $\prod$ は積の記号である．例えば $\prod_{i=1}^n b_i$ は $b_1 \times b_2 \times \cdots \times b_n$ を表す．

いが，使用する互換の個数が偶数であるか奇数であるかは，従って，書き表し方に依らず常に一定である．偶数個の互換の積に分解される置換を**偶置換**といい，奇数個ならば**奇置換**という．容易に確かめられるように，偶置換全体から成る S_n の部分集合は，S_n の演算を引き継いで群を成す．これを n 次**交代群**と言って A_n で表す．A_n の元の個数（偶置換の個数）は $n!/2$ である．

Δ_n は偶置換に関して不変だが，奇置換については -1 倍される．このような性質をもつ式を**交代式**と呼ぶ．

補題 6.5. 任意の置換は $(1\ j)$ の形をした互換の積に分解する．また，$n \geqq 3$ ならば，任意の偶置換は3文字の巡回置換の積に分解する．

《証明》 任意の置換は互換の積に分解するので，前半の主張は互換について示せば十分である．互換 $(a\ b)$ を考える．a または b が 1 ならば，示すべきことは何もない．a も b も 1 でないとき $(a\ b) = (1\ a)(1\ b)(1\ a)$ である．よって，前半の主張が示された．

次に，$n \geqq 3$ とし，偶置換を考える．偶置換は偶数個の互換の積なので，前半より $(1\ j)$ の形をした偶数個の互換の積に分解する．2つの異なるこのような互換の積について，

$$(1\ a)(1\ b) = (1\ b\ a)$$

である．よって，後半も正しい． □

定理 6.3 はこの補題の前半から直ちに従う．すなわち $x_1, \ldots, x_n$ のどんな入れ替えでも x_1 とある x_j の交換を繰り返すことで実現されるからである．

6.3 対称有理式と交代有理式

差積 Δ_n は対称式ではないが，一方，その平方 Δ_n^2 は対称式である．このことは，$\Delta_n^2 = (x_1 - x_2)^2 \cdots (x_{n-1} - x_n)^2$ が x_1 と x_j ($j = 2, \ldots, n$) を入れ替えても不変なことからも従うが，Δ_n^2 をもう少し別の形で与えれば一目瞭然となる．そのために

を考える. X で微分すると

$$P'(X) = (X-x_2)\cdots(X-x_n) + (X-x_1)(X-x_3)\cdots(X-x_n) + \\ \cdots + (X-x_1)(X-x_2)\cdots(X-x_{n-1})$$

なので, $i \in \{1, 2, \ldots, n\}$ に対して

$$P'(x_i) = (x_i - x_1)(x_i - x_2)\cdots(x_i - x_{i-1})(x_i - x_{i+1})\cdots(x_i - x_n)$$

となるから,

$$\Delta_n^2 = (-1)^{\frac{n(n-1)}{2}} P'(x_1)P'(x_2)\cdots P'(x_n)$$

と書ける. 右辺はひと目で対称式だとわかる. 従って対称式の基本定理から Δ_n^2 は基本対称式 $\sigma_1, \ldots, \sigma_n$ の多項式となり, 根と係数の関係を用いて言い換えれば, $P(X)$ における X^k の係数 ($k = 0, \ldots, n-1$) の多項式となる. 方程式 $P(X) = 0$ が重根をもつための必要十分条件は, 明らかに $\Delta_n^2 = 0$ である. 係数の多項式 Δ_n^2 を方程式 $P(X) = 0$ の**判別式**という. これは2次方程式ではお馴染みであろう. 差積は判別式の平方根であって, 偶置換に関する対称性をもつ.

補題 6.6. n 変数 $x_1, \ldots, x_n$ の多項式 $F = F(x_1, \ldots, x_n)$ は対称式ではないが, F^2 は対称式であるとする. このとき, $x_1, \ldots, x_n$ の対称多項式 G で, $F = G\Delta_n$ となるものが存在する.

《証明》 F は対称式ではないから, ある互換 ρ に対して $^\rho F \neq F$ となる. $\rho = (i\ j)$ とする. F^2 は対称式だから

$$F^2 = {}^\rho(F^2) = ({}^\rho F)^2$$

となる. よって $^\rho F = \pm F$ だが, 仮定より $^\rho F \neq F$ だから, $^\rho F = -F$ でなければならない. つまり

6.3 対称有理式と交代有理式

$$^\rho F + F = F(\ldots, x_j, \ldots, x_i, \ldots) + F(\ldots, x_i, \ldots, x_j, \ldots) = 0$$

である．この恒等式において x_i に x_j を代入すると

$$2F(\ldots, x_j, \ldots, x_j, \ldots) = 0$$

となる．このことから F を x_i の多項式だと考えるとき，剰余の定理より F は $x_i - x_j$ で割り切れる．F を $x_i - x_j$ で割れる限り何回も割って

$$F = (x_i - x_j)^m F_1 \quad (m \text{ は正整数})$$

と書く．F_1 は $x_i - x_j$ で割り切れない多項式である．

仮定より $F^2 = (x_i - x_j)^{2m} F_1^2$ は対称式なので，どんな置換についても不変である．そこで異なる $k, \ell \in \{1, 2, \ldots, n\}$ をとり，$\tau(i) = k$ かつ $\tau(j) = \ell$ となる置換 τ を考えれば

$$F^2 = {}^\tau(F^2) = ({}^\tau F)^2 = (x_k - x_\ell)^{2m} ({}^\tau F_1)^2$$

となるから，$F = \pm (x_k - x_\ell)^m ({}^\tau F_1)$ であり，F は任意のペア k, ℓ に対して $(x_k - x_\ell)^m$ で割り切れる．よって F は Δ_n^m で割り切れるから

$$F = \Delta_n^m F_2$$

をみたす多項式 F_2 が存在する．

あるペア k, ℓ について F_2 が $x_k - x_\ell$ で割り切れるとすると，F は $(x_k - x_\ell)^{m+1}$ で割り切れるから

$$F^2 = (x_k - x_\ell)^{2m+2} F_3^2$$

となる多項式 F_3 がとれる．このとき $\sigma(k) = i$ かつ $\sigma(\ell) = j$ となる置換 σ をとれば，

$$F^2 = {}^\sigma(F^2) = (x_i - x_j)^{2m+2} ({}^\sigma F_3)^2$$

すなわち $F = \pm (x_i - x_j)^{m+1} ({}^\sigma F_3)$ となる．これは F_1 が $x_i - x_j$ で割り切れることを意味するので，矛盾である．よって，F_2 はどんなペア k, ℓ に対しても $x_k - x_\ell$ で割り切れることはない．

さて，等式 $F^2 = \Delta_n^{2m} F_2^2$ において，F^2 と Δ_n^{2m} は対称式であるから，F_2^2 も対称式である．もし F_2 自身が対称式でないのならば，上で F に対して行った議論を F_2 に対して適用することができる．すると F_2 はある $x_k - x_\ell$ で（従って Δ_n で）割り切れることになり，矛盾である．ゆえに F_2 は対称式でなければならない．

等式 $F = \Delta_n^m F_2$ において，もし m が偶数ならば，F は 2 つの対称式 Δ_n^m, F_2 の積だから対称式になってしまい矛盾である．よって m は奇数であり $m = 2\ell + 1$ と書ける．このとき $G = \Delta_n^{2\ell} F_2$ とおけば，これは対称式であって $F = G\Delta_n$ が成り立つ． □

系 6.7. どんな偶置換による変数の入れ替えでも不変な多項式 $F = F(x_1, \ldots, x_n)$ は，2 つの対称多項式 F_1, F_2 および差積 Δ_n を用いて

$$F = F_1 + F_2 \Delta_n$$

と表示される．

《証明》 $\rho = (1\ 2)$ とし，$F + {}^\rho F$ を考える．任意の互換 τ に対して $\tau\rho$ は偶置換なので，仮定から $F = {}^{\tau\rho} F$ である．従って両辺に τ を作用させると $\tau^2 = 1_n$ より ${}^\tau F = {}^{\tau^2 \rho} F = {}^\rho F$ となる．このことから

$${}^\tau(F + {}^\rho F) = {}^\tau F + {}^{(\tau\rho)} F = {}^\rho F + F$$

が成り立つ．すなわち $F + {}^\rho F$ はどんな互換でも不変である．これは $F + {}^\rho F$ が対称式であることを意味する．$F + {}^\rho F = 2F_1$ とおけば F_1 は対称式である．

次に $F - {}^\rho F$ を考える．上と同様に，任意の互換 τ に対して

$${}^\tau(F - {}^\rho F) = -(F - {}^\rho F)$$

が成り立つことがわかる．また，${}^\tau(F - {}^\rho F)^2 = (F - {}^\rho F)^2$ なので，$(F - {}^\rho F)^2$ は対称式である．すると，前補題より，ある対称式 F_2 によって $F - {}^\rho F = 2F_2 \Delta_n$ と表示される．

6.3 対称有理式と交代有理式 83

得られた 2 式 $F + {}^\rho F = 2F_1$, $F - {}^\rho F = 2F_2\Delta_n$ を辺々加えて 2 で割れば，$F = F_1 + F_2\Delta_n$ となり，F_1 と F_2 は対称式である． □

2 つの多項式 $F(x_1,\ldots,x_n), G(x_1,\ldots,x_n)$ の商

$$\frac{F(x_1,\ldots,x_n)}{G(x_1,\ldots,x_n)}$$

で表される式を (n 変数 $x_1,\ldots,x_n$ に関する) 有理式という．もちろん，$G \neq 0$ の場合しか考えない．2 つの有理式の和，差，積，商はまた有理式である．

有理式 $f = F/G$ が任意の互換 $\rho \in S_n$ に対して不変，すなわち

$$^\rho f := \frac{{}^\rho F}{{}^\rho G}$$

に対して等式 ${}^\rho f = f$ が成り立つとき，f を**対称有理式**と呼ぶ．f が対称だからといって，分子 F や分母 G が対称多項式であるとは限らない．

補題 6.8. 対称有理式 f は 2 つの対称多項式の商として表示できる．

《証明》 まず多項式の商として $f = F/G$ と表す．S_n は有限集合なので，$\{{}^\rho G \mid \rho \in S_n\}$ もそうである．よって $\widetilde{G} := \prod_{\rho \in S_n} {}^\rho G$ は有限個の多項式の積だから，多項式である．$1_n \in S_n$ なので，$\widetilde{G}$ は ${}^{1_n}G = G$ で割り切れる．$\widetilde{G}_0 = \widetilde{G}/G = \prod_{\rho \in S_n, \rho \neq 1_n} {}^\rho G$ とし $\widetilde{F} = F\widetilde{G}_0$ とおく．すると，$f = \widetilde{F}/\widetilde{G}$ である．任意の $\tau \in S_n$ に対して $\tau S_n = \{\tau\rho \mid \rho \in S_n\} = S_n$ であることを用いれば

$$^\tau \widetilde{G} = \prod_{\rho \in S_n} {}^\tau({}^\rho G) = \prod_{\rho \in S_n} {}^{\tau\rho}G = \prod_{\rho' \in S_n} {}^{\rho'}G = \widetilde{G}$$

が成立するので，$\widetilde{G}$ は対称多項式である．$\widetilde{F} = f \cdot \widetilde{G}$ であり，f も $\widetilde{G}$ も対称式だから，$\widetilde{F}$ は対称多項式である． □

補題 6.9. $f = f(x_1,\ldots,x_n)$ は対称でない有理式で，f^2 は対称であるとする．このとき $f = g\Delta_n$ となる対称有理式 g が存在する．

《証明》 $f = F/G$ と多項式の商として表示する．前補題の証明と同様に G の代わりに $\prod_{\rho \in S_n} {}^\rho G$ を考えることによって，最初から G は対称多項式であるとしてよい．すると，$F^2 = G^2 \cdot f^2$ であり，G^2 も f^2 も対称式なので F^2 は対称多項式である．一方，f は対称式でないから $F = G \cdot f$ より，F は対称式ではない．よって補題 6.6 より $F = H\Delta_n$ となる対称多項式 H が存在する．このとき

$$f = \frac{F}{G} = \frac{H\Delta_n}{G} = \frac{H}{G}\Delta_n$$

であり，$g = H/G$ は対称多項式の商だから，対称有理式である． □

系 6.10. $f = f(x_1, \ldots, x_n)$ は任意の偶置換 $\rho \in A_n$ に対して ${}^\rho f = f$ となる有理式とする．このとき

$$f = f_1 + f_2 \Delta_n$$

であるような有理対称式 f_1, f_2 が存在する．

《証明》 系 6.7 と同様である． □

第 7 章 根の公式は不可能

　根の公式は，根の入れ替えに関する対称性を完全に破壊することでしか得られない．本章では，ラグランジュに従って低次方程式の代数的解法（根の公式）を分析した後，それに基づいたルフィニやアーベルによる考察の跡を辿る．目標はルフィニ・アーベルの定理を示すことである．

7.1 根の公式

　複素数を係数とする n 次方程式

$$X^n + a_1 X^{n-1} + a_2 X^{n-2} + \cdots + a_{n-1} X + a_n = 0$$

に対する「根の公式」とは，係数 $a_1, \ldots, a_n$ から**加減乗除およびべき根** (m **乗根**) **をとる操作**を有限回繰り返すことで得られる式を用いた方程式の根の表示である．例えば，$n = 2$ なら方程式は $X^2 + a_1 X + a_2 = 0$ なので，

$$\frac{-a_1 \pm \sqrt{a_1^2 - 4a_2}}{2}$$

が，その 2 根を与える．$n = 3, 4$ のときも，同じように係数を使った式を用いた根の表示が可能であった．問題は $n \geq 5$ の場合である．

　根と係数の関係によれば，代数方程式の係数を知ることは，根の基本対称式を知ることと同値である．つまり根の公式とは，n 個の基本対称式を既知の値として，逆にそれら基本対称式を構成している n 個の未知数を求める方法に他ならない．

85

7.2 ラグランジュの省察

ラグランジュ(Joseph Louis Lagrange, 1736–1813) は，217 ページにも及ぶ論文「方程式の代数的解法についての省察」(Réflexions sur la résolution algébrique des équations, 1770/1771) の中で，次のように述べている．

ラグランジュ

> 方程式の代数的解法として現在までに知られている種々の方法を考察し，それらを一般的な原理に還元し，それらの方法が 3 次や 4 次の場合には成功し，より高次の場合には失敗した理由を先験的に明らかにするのが，この論文の目的である．

それでは，ラグランジュの考えを辿ってみよう．

$x_1, \ldots, x_n$ が方程式

$$X^n + a_1 X^{n-1} + a_2 X^{n-2} + \cdots + a_{n-1} X + a_n = 0$$

の根であれば，根と係数の関係 (6.2) から，係数 $a_1, \ldots, a_n$ は根の対称式であった．従ってそれら係数から加減乗除を使ってどんな式を組み立てたとしても，それは根 $x_1, \ldots, x_n$ のどのような入れ替えに対しても不変であるような $x_1, \ldots, x_n$ に関する有理式，すなわち対称有理式になる．もちろん「定数」$a_1, \ldots, a_n$ から作るいかなる式も「定数」なのだから，これは至極当たり前の話なのである．

しかし，こういうふうに考えると，根の公式というのは全くもって不思議な存在に思えてくる．例えば，$n = 2$ としよう．根の公式によれば

$$x_1, x_2 = \frac{-a_1 \pm \sqrt{a_1^2 - 4a_2}}{2}$$

なので，

$$x_1 = \frac{-a_1 + \sqrt{a_1^2 - 4a_2}}{2}$$

としてよい．この式の右辺は係数 a_1, a_2 の式なので，上で見たように x_1, x_2 の入れ替えで不変である．一方，左辺に x_1, x_2 の入れ替えを施すと x_1 は x_2

に変わってしまうのである．一般の n についても同様で，もし根の公式が存在すれば

$$1 \text{つの根} = \text{係数 } a_1, \ldots, a_n \text{ の式}$$

という等式が得られるはずだが，このとき，右辺は根の入れ替えで不変なのに左辺はそうでない．つまり

> 根の公式を得るためには，根の入れ替えで不変な式を組み合わせて，根の入れ替えで不変でない式を作らなければならない

のである．

> 人は何かの犠牲なしに何も得ることはできない．何かを得るためには同等の代価が必要になる．

という等価交換の原則[*1]によって，根の公式を得るためには入れ替えに関する対称性を完全に失うという代価を払わなければならない．対称式の加減乗除だけでは文字の入れ替えに関する対称性を失うことは決してないから，それを実現する手段は残された「べき根をとる」操作しかない．

2 次方程式の場合に戻ると，上で注意したように $\sqrt{a_1^2 - 4a_2}$ の部分に秘密が隠されているはずである．この部分は $a_1^2 - 4a_2$ の平方根，という意味であり，本当はプラス・マイナスの任意性がある．先に「$x_1 = \cdots$ としてよい」と述べたが，どうして「してよい」のかをもう一度冷静に考えてみると，プラス・マイナスのどちらかなので「してよい」としたのである．もう少し説明を加える．すでに見たように差積 $\Delta_2 = x_1 - x_2$ は対称式ではなく，実際，x_1 と x_2 を入れ替えると $x_2 - x_1$ になり -1 倍される．しかし，その 2 乗 $\Delta_2^2 = (x_1 - x_2)^2$ は

$$(x_1 - x_2)^2 = (x_1 + x_2)^2 - 4x_1 x_2 = a_1^2 - 4a_2$$

なので，対称式である．その平方根の 1 つが $x_1 - x_2$ でそれは $\pm\sqrt{a_1^2 - 4a_2}$ のどちらかである．連立方程式

[*1] 荒川弘「鋼の錬金術師」スクウェア・エニックス, 2002

$$\begin{cases} x_1 + x_2 = -a_1 \\ x_1 - x_2 = \pm\sqrt{a_1^2 - 4a_2} \end{cases}$$

から x_2 を消去して

$$x_1 = \frac{-a_1 \pm \sqrt{a_1^2 - 4a_2}}{2}$$

なのである．言い換えると 2 つの根のうちどちらを x_1 にするかという任意性が平方根のプラス・マイナスのどちらをとるかという任意性に置き換わっている．

次に 3 次方程式に対して，$n = 2$ のときの $x_1 - x_2$ と $(x_1 - x_2)^2$ のアナロジーを追ってみよう．(6.1) で $n = 3$ としたものの根を x_1, x_2, x_3 とする．また，$\omega = (-1 + \sqrt{-3})/2$ を 1 の原始 3 乗根とする．このとき $\omega^2 = (-1 - \sqrt{-3})/2$ も 3 乗すれば 1 となるから，$n = 2$ のときの -1 に代わるものとして ω と ω^2 の 2 つが考えられる．すなわち $x_1 - x_2 = x_1 + (-1)x_2$ に代わる式は，

$$x_1 + \omega x_2 + \omega^2 x_3, \quad x_1 + \omega^2 x_2 + \omega x_3$$

の 2 つである．これらを調べてみよう．

まず $x_1 + \omega x_2 + \omega^2 x_3$ を考える．これは対称式ではないが，その 3 乗はどうだろうか．展開してみると

$$\begin{aligned}&(x_1 + \omega x_2 + \omega^2 x_3)^3 \\ &= x_1^3 + x_2^3 + x_3^3 + 6x_1 x_2 x_3 + 3\omega(x_1^2 x_2 + x_2^2 x_3 + x_3^2 x_1) \\ &\quad + 3\omega^2(x_1 x_2^2 + x_2 x_3^2 + x_3 x_1^2)\end{aligned}$$

なので，かなり対称性が高いように見える．しかし，これは対称式ではない．実際，x_3 はそのままにして x_1, x_2 を入れ替える操作を行うと違う式になってしまう．ここで差積

$$\begin{aligned}\Delta_3 &= (x_1 - x_2)(x_1 - x_3)(x_2 - x_3) \\ &= x_1^2 x_2 + x_2^2 x_3 + x_3^2 x_1 - (x_1 x_2^2 + x_2 x_3^2 + x_3 x_1^2)\end{aligned}$$

を使うと，

$$(x_1 + \omega x_2 + \omega^2 x_3)^3 = \sigma_1^3 - \frac{9}{2}\sigma_1\sigma_2 + \frac{27}{2}\sigma_3 + \frac{\sqrt{-27}}{2}\Delta_3$$

のように変形される．Δ_3 も対称式ではないが，その 2 乗は対称式であり，実際

$$\Delta_3^2 = \sigma_1^2\sigma_2^2 + 18\sigma_1\sigma_2\sigma_3 - 4\sigma_2^3 - 4\sigma_1^3\sigma_3 - 27\sigma_3^2$$

である．同様に $(x_1 + \omega^2 x_2 + \omega x_3)^3$ を変形すれば

$$(x_1 + \omega^2 x_2 + \omega x_3)^3 = \sigma_1^3 - \frac{9}{2}\sigma_1\sigma_2 + \frac{27}{2}\sigma_3 - \frac{\sqrt{-27}}{2}\Delta_3$$

となる（これは $x_1 + \omega^2 x_2 + \omega x_3$ が $x_1 + \omega x_2 + \omega^2 x_3$ において x_2 と x_3 を入れ替えたものであり，一方 Δ_3 の定義式において x_1 はそのままで，x_2 と x_3 を入れ替えた式が $(x_1 - x_3)(x_1 - x_2)(x_3 - x_2) = -\Delta_3$ となることから，改めて計算しなくともわかる）．さて，今計算した 2 つの 3 乗の式の右辺はいくつかの対称式および対称式の平方根（Δ_3 のこと）の和なので，基本対称式から加減乗除および平方根をとるという操作で得られる．それぞれの 3 乗根をとり，連立方程式

$$\begin{cases} x_1 + x_2 + x_3 = \sigma_1 \\ x_1 + \omega^2 x_2 + \omega x_3 = \sqrt[3]{\sigma_1^3 - \frac{9}{2}\sigma_1\sigma_2 + \frac{27}{2}\sigma_3 - \frac{\sqrt{-27}}{2}\Delta_3} \\ x_1 + \omega x_2 + \omega^2 x_3 = \sqrt[3]{\sigma_1^3 - \frac{9}{2}\sigma_1\sigma_2 + \frac{27}{2}\sigma_3 + \frac{\sqrt{-27}}{2}\Delta_3} \end{cases} \quad (7.1)$$

を考える．この 3 式を辺々加えると，左辺の和は $3x_1 + (1 + \omega^2 + \omega)x_2 + (1 + \omega + \omega^2)x_3$ だが，$1 + \omega + \omega^2 = 0$ なのでこれは $3x_1$ に等しい．従って

$$\Delta_3 = \sqrt{\sigma_1^2\sigma_2^2 + 18\sigma_1\sigma_2\sigma_3 - 4\sigma_2^3 - 4\sigma_1^3\sigma_3 - 27\sigma_3^2}$$

および $\sigma_1 = -a_1, \sigma_2 = a_2, \sigma_3 = -a_3$ を代入すれば

$$x_1 = -\frac{a_1}{3} + \sqrt[3]{-\left(\frac{a_1}{3}\right)^3 + \frac{3}{2}\frac{a_1}{3}\frac{a_2}{3} - \frac{a_3}{2} + \sqrt{A}}$$
$$+ \sqrt[3]{-\left(\frac{a_1}{3}\right)^3 + \frac{3}{2}\frac{a_1}{3}\frac{a_2}{3} - \frac{a_3}{2} - \sqrt{A}},$$

$$A = -\frac{3}{4}\left(\frac{a_1}{3}\right)^2\left(\frac{a_2}{3}\right)^2 - 3\frac{a_1}{3}\frac{a_2}{3}\frac{a_3}{2} + 2\left(\frac{a_1}{3}\right)^3\frac{a_3}{2} + \left(\frac{a_2}{3}\right)^3 + \left(\frac{a_3}{2}\right)^2$$

となって，根の公式が得られた．残りの 2 根は (7.1) の第 2，第 3 式に順番に ω, ω^2 を掛けたもの，および ω^2, ω を掛けたものを使えば，同様に求められる．ちなみに，与えられた方程式にカルダノ変換を施し X^2 の係数が 0 の方程式 $X^3 + pX + q = 0$ に変換した場合，上の x_1 を与える式は

$$\sqrt[3]{-\frac{q}{2} + \sqrt{\left(\frac{p}{3}\right)^3 + \left(\frac{q}{2}\right)^2}} + \sqrt[3]{-\frac{q}{2} - \sqrt{\left(\frac{p}{3}\right)^3 + \left(\frac{q}{2}\right)^2}}$$

となり「カルダノの公式」そのものである．

どのようにして対称性が壊されたのかを見ておこう．まず，Δ_3 を対称式の平方根として表示する際にプラス・マイナスの任意性がある．上の計算によれば，このプラス・マイナスを取り替えるのは $(x_1 + \omega^2 x_2 + \omega x_3)^3$ と $(x_1 + \omega x_2 + \omega^2 x_3)^3$ の役割を交換することに対応する．つまり，x_2 と x_3 の入れ替え分である．次に，3 乗根をとった．3 乗根は 3 つあり，1 つを a だとすれば残り 2 つは ωa と $\omega^2 a$ の形である．そこで $\omega^3 = 1$ に注意して，$x_1 + \omega x_2 + \omega^2 x_3$ に順次 ω, ω^2 を掛けてみると

$$\omega(x_1 + \omega x_2 + \omega^2 x_3) = x_3 + \omega x_1 + \omega^2 x_2$$
$$\omega^2(x_1 + \omega x_2 + \omega^2 x_3) = x_2 + \omega x_3 + \omega^2 x_1$$

のようになり，x_1, x_2, x_3 を巡回的に入れ替えていくことに相当する．$x_1 + \omega^2 x_2 + \omega x_3$ は $x_1 + \omega x_2 + \omega^2 x_3$ で x_2 と x_3 を交換したものだから，それに ω, ω^2 を掛ける操作は，上の計算において x_2 と x_3 を入れ替えたもの，すなわち x_1, x_3, x_2 を巡回的に入れ替えていくことに相当する．これは x_1, x_2, x_3 の巡回的な入れ替えを 2 回施せば実現できるが，それは積

$$(x_1 + \omega x_2 + \omega^2 x_3)(x_1 + \omega^2 x_2 + \omega x_3)$$
$$= x_1^2 + x_2^2 + x_3^2 + (\omega + \omega^2)(x_1 x_2 + x_2 x_3 + x_3 x_1)$$
$$= \sigma_1^2 - 3\sigma_2$$

が対称式なので，一方に ω を掛けたら他方には ω^2 を掛けなければ帳尻が合わないことに対応する．

以上より，べき根をとる操作による不確定さは，置換のことばで言えば，互換 (2 3) と巡回置換 (1 2 3), (1 3 2) = (1 2 3)^2 およびそれらの積に対応す

る．何も入れ替えないこと (恒等置換) も含めると，これで $1, 2, 3$ の置換すべてが実現される．実際，$1, 2, 3$ の入れ替えの仕方は $3! = 6$ 通りあり，列記すると

$$\begin{pmatrix} 1 & 2 & 3 \\ 1 & 2 & 3 \end{pmatrix} = 1_3, \qquad \begin{pmatrix} 1 & 2 & 3 \\ 2 & 3 & 1 \end{pmatrix} = (1\ 2\ 3),$$

$$\begin{pmatrix} 1 & 2 & 3 \\ 3 & 1 & 2 \end{pmatrix} = (1\ 2\ 3)^2, \qquad \begin{pmatrix} 1 & 2 & 3 \\ 1 & 3 & 2 \end{pmatrix} = (2\ 3),$$

$$\begin{pmatrix} 1 & 2 & 3 \\ 2 & 1 & 3 \end{pmatrix} = (1\ 2\ 3)(2\ 3), \qquad \begin{pmatrix} 1 & 2 & 3 \\ 3 & 2 & 1 \end{pmatrix} = (1\ 2\ 3)^2(2\ 3)$$

の 6 つである．従って，平方根と 3 乗根を使うことで，根の入れ替えに関する対称性が完全に破壊されたことになる．

7.3 対称性を壊すもの

前節で見たように，根の公式を得るためには，べき根をとる操作によって生じる曖昧さを逆用して，根の入れ替えに関する対称性を徹底的に破壊しなければならない．
　方程式
$$X^n + a_1 X^{n-1} + \cdots + a_{n-1} X + a_n = 0$$
の係数である文字 $a_1, \ldots, a_n$ と根の差積 Δ_n から加減乗除を使って得られる式全体のなす集合を L_n とする．言い換えれば L_n は $a_1, \ldots, a_n$ および Δ_n に関する (複素数係数の) 有理式全体のなす集合である．Δ_n^2 は $a_1, \ldots, a_n$ の多項式だから

$$L_n = \{ F + G \Delta_n \mid F, G \text{ は } a_1, a_2, \ldots, a_n \text{ の有理式} \}$$

である．実際，L_n の元は A, B, C, D を $a_1, \ldots, a_n$ の多項式として $(A + B\Delta_n)/(C + D\Delta_n)$ と表されるが，

$$\frac{A + B\Delta_n}{C + D\Delta_n} = \frac{(A + B\Delta_n)(C - D\Delta_n)}{(C + D\Delta_n)(C - D\Delta_n)}$$

$$= \frac{AC - BD\Delta_n^2}{C^2 - D^2\Delta_n^2} + \frac{BC - AD}{C^2 - D^2\Delta_n^2}\Delta_n$$

のように変形される．よって L_n に対して上のような表記が可能である．明らかに L_n は四則演算（加減乗除）について閉じている．

L_n の元 $F + G\Delta_n$ において F, G は，$a_1, \ldots, a_n$ の有理式だから，根と係数の関係から $x_1, \ldots, x_n$ に関する基本対称式 $\sigma_1, \ldots, \sigma_n$ の有理式でもあり，従って $x_1, \ldots, x_n$ に関する対称な有理式である．また，Δ_n は $x_1, \ldots, x_n$ の多項式で，いかなる偶置換に対しても不変だった．すなわち，根の立場で眺めれば

$$L_n = \{F_1(x_1, \ldots, x_n) + F_2(x_1, \ldots, x_n)\Delta_n \mid F_1, F_2 \text{ は対称有理式}\}$$

であって，系 6.10 から，根 $x_1, \ldots, x_n$ のどんな偶置換に対しても不変であるような $x_1, \ldots, x_n$ の有理式全体として捉えることができる．Δ_n を考慮に入れることによって，すべての置換に関する対称性を偶置換に関する対称性にまで減らすことができた．つまり，対称性を半分にできたと言える．

$n = 2$ ならば，偶置換は恒等置換しかないので，これで完全に対称性が崩せたことになり，事実，根の公式は L_2 の元として与えられる．しかし $n \geqq 3$ ならば偶置換に関する対称性はまだ残っている．従って，根の公式を得るためには L_n に属さない式を考える必要があるが，あとはべき根をとる操作しか許されない．従ってまず $\sqrt[p]{a}$ $(a \in L_n)$ という形の式を考えなければならない．もちろん $\sqrt[p]{a} \in L_n$ ならば，考えるだけ無駄になるから $\sqrt[p]{a} \notin L_n$ とする．また p は素数であるとしてよい．なぜなら，もし p が合成数ならば，$\sqrt[p]{a}$ が a の素数乗根を何度かとることによって得られることが，素因数分解によってわかるからである（例えば，$6 = 2 \times 3$ より

$$\sqrt[6]{a} = a^{\frac{1}{6}} = a^{\frac{1}{2} \cdot \frac{1}{3}} = \left(a^{\frac{1}{2}}\right)^{\frac{1}{3}} = \sqrt[3]{\sqrt{a}}$$

なので，6 乗根をとることは平方根と 3 乗根をとる操作に分解される）．

以上を踏まえて，根 $x_1, \ldots, x_n$ を独立変数とみなし，$x_1, \ldots, x_n$ の式 $f = f(x_1, \ldots, x_n)$ で，ある偶置換について不変でなく，ある素数 p に対して $f^p \in L_n$ となるものを考える．補題 6.5 によれば，任意の偶置換は 3 文字の

7.3 対称性を壊すもの

巡回置換をいくつか掛け合わせて得られる．f はある偶置換で不変でないから，f はある3文字の巡回置換によって f でない別な式 $g = g(x_1, \ldots, x_n)$ に変わる．ここでは巡回置換 $(i\ j\ k)$ によって x_i, x_j, x_k を巡回的に入れ替えたとき，f が g になるとしよう．$(i\ j\ k) = (i\ k)(i\ j)$ なので $(i\ j\ k)$ は偶置換である．$f^p \in L_n$ だから，この置換によって f^p は変わらないので，$f^p \mapsto g^p = f^p$ である．従って，ある1の p 乗根 ϵ を用いて，$g = \epsilon f$ と書ける．$g \neq f$ なので，$\epsilon \neq 1$ でなければならない．f に巡回置換 $(i\ j\ k)$ を次々に施すと

$$(i\ j\ k) : f \mapsto \epsilon f$$
$$(i\ j\ k)^2 : f \mapsto \epsilon(\epsilon f) = \epsilon^2 f,$$
$$(i\ j\ k)^3 : f \mapsto \epsilon^2(\epsilon f) = \epsilon^3 f$$

となる．一方，$(i\ j\ k)^3$ は恒等置換だから f を f 自身にうつす．よって $\epsilon^3 f = f$ でなければならないので，$\epsilon^3 = 1$ である．ここで，$\epsilon^p = 1$ かつ p は素数だったから，$p = 3$ を得る (実際，p を3で割り算して商を m，余りを r とすると $r = 0, 1, 2$ である．$p = 3m + r$ より $1 = \epsilon^p = (\epsilon^3)^m \epsilon^r = \epsilon^r$ だが，$\epsilon \neq 1$ だから $r = 0$ または 2 である．$r = 2$ ならば $\epsilon^2 = 1$ かつ $\epsilon^3 = 1$ より $\epsilon = 1$ となって矛盾だから，$r = 0$ となる．つまり p は3の倍数だが，p はもともと素数だったのだから $p = 3$ でなければならない)．

以上の考察から，次のことがわかった．

> 偶置換に関する対称性を崩すためには，L_n の元の3乗根で，ある偶置換に対して不変でないようなものが必要である．

$n = 3$ のときは前節で見たように，式 $f = x_1 + \omega x_2 + \omega^2 x_3$ は偶置換 $(1\ 2\ 3)$ で不変でなく $f^3 = (x_1 + \omega x_2 + \omega^2 x_3)^3 \in L_3$ だった．

$n = 4$ のときは，次のように考える．まず，

$$u_1 = x_1 + x_2 - (x_3 + x_4),$$
$$u_2 = x_1 + x_3 - (x_2 + x_4),$$
$$u_3 = x_1 + x_4 - (x_2 + x_3)$$

とおく．また，$y_1 = u_1^2, y_2 = u_2^2, y_3 = u_3^2$ とおく．x_1, x_2, x_3, x_4 の i 次基本

対称式 σ_i を使えば，直接計算によって $u_1 u_2 u_3 = \sigma_1^3 - 4\sigma_1\sigma_2 + 8\sigma_3$ および

$$\begin{cases} y_1 + y_2 + y_3 = 3\sigma_1^2 - 8\sigma_2 \\ y_1 y_2 + y_2 y_3 + y_3 y_1 = 3\sigma_1^4 - 16\sigma_1^2\sigma_2 + 16\sigma_1\sigma_3 + 16\sigma_2^2 - 64\sigma_4 \\ y_1 y_2 y_3 = (u_1 u_2 u_3)^2 \\ \qquad\quad = \sigma_1^6 - 8\sigma_1^4\sigma_2 + 16\sigma_1^3\sigma_3 + 16\sigma_1^2\sigma_2^2 - 64\sigma_1\sigma_2\sigma_3 + 64\sigma_3^2 \\ (y_1 - y_2)(y_1 - y_3)(y_2 - y_3) = 64\Delta_4 \end{cases}$$

を得る．従って，y_1, y_2, y_3 の対称式はすべて x_1, x_2, x_3, x_4 の基本対称式によって表示でき，また，y_1, y_2, y_3 の差積は x_1, x_2, x_3, x_4 の差積 Δ_4 と定数倍しか違わない．このことを使えば $n = 3$ の場合と同様に，式 $f = y_1 + \omega y_2 + \omega^2 y_3$ はある偶置換で不変でなく L_4 に属さないが，$f^3 \in L_4$ であることがわかる．

 4次方程式を解く際に，補助的に3次方程式を解いたが，実は y_1, y_2, y_3 はそれの根に対応する．実際，y_1, y_2, y_3 を根とする3次方程式の係数は，上のことから，はじめの4次方程式の係数を使って表される．そこで，その3次方程式を解いて y_1, y_2, y_3 を求めれば，その平方根として u_1, u_2, u_3 が得られる．平方根の符号は，等式 $u_1 u_2 u_3 = \sigma_1^3 - 4\sigma_1\sigma_2 + 8\sigma_3$ によって，u_1, u_2 のそれを決めれば u_3 のものは自動的に決まる．そうしておいて

$$\begin{cases} x_1 + x_2 + x_3 + x_4 = -a_1 \\ x_1 + x_2 - (x_3 + x_4) = u_1 \\ x_1 + x_3 - (x_2 + x_4) = u_2 \\ x_1 + x_4 - (x_2 + x_3) = u_3 \end{cases}$$

を辺々加えれば，$4x_1$ が4次方程式の係数で表示されることがわかり，すなわち根の公式が得られる．

7.4 もう対称性は壊せない（ルフィニの定理）

　ラグランジュの考察を受けて，問題解決への本質的な一歩を踏み出したのはルフィニ (Paolo Ruffini, 1765–1822) であった．ラグランジュの論文から29年を経た1799年に，奇しくもガウスが学位論文を発表したこの年に，ル

7.4 もう対称性は壊せない（ルフィニの定理）

フィニは満を持して「方程式の一般的理論 (Teoria Generale delle Equazioni)」と題した著書を発表した．その副題は「4 より高次の一般方程式の代数的解法は，不可能であることが証明される (in cui si dimostra impossibile la soluzione algebraica delle equazioni generali di grado superiore al quarto)」であった！ しかし，代数的解法が不可能だというあまりに突飛な主張のせいで，さらに 500 ページに及ぶ大著だったことも災いしてか，当時の数学コミュニティーには受け入れられなかったという[*2]．ルフィニはその後何度か証明を改善した．最終版は 1813 年に書かれている．

ルフィニ

記号は前節から引き継ぐ．

定理 7.1 (ルフィニの定理). $n \geq 5$ のとき，L_n の元の 3 乗根はどんな偶置換に対しても不変である．

《証明》 $n \geq 5$ とする．今 $x_1, \ldots, x_n$ の式 f で，ある偶置換で不変ではなく $f^3 \in L_n$ をみたすものがあったとする．
f に 5 数の巡回置換 ρ を施して g になったとしよう．

$$(a\ b\ c\ d\ e) = (a\ e)(a\ d)(a\ c)(a\ b)$$

なので，ρ は偶置換である．従って f^3 はこの置換で不変だから，ある 1 の 3 乗根 ϵ を使って $g = \epsilon f$ と書ける．ρ^5 は恒等置換なので，ρ による入れ替えを f に対して 5 回施しても f のままである．一方，$g = \epsilon f$ より，ρ を 1 回施す度に f には ϵ が掛けられていく．よって $f = \epsilon^5 f$ でなければならないから，$\epsilon^5 = 1$ である．もともと $\epsilon^3 = 1$ だったので，$\epsilon = 1$ を得る．すなわち f は巡回置換 ρ で不変である．ρ は任意だから，f はいかなる 5 数の巡回置換に対しても不変であることがわかった．

[*2] Raymond G. Ayoub, Paolo Ruffini's contributions to the quintic, Archive for History of Exact Sciences, Vol. **23** (1980), 253–277.

一方, $f^3 \in L_n$ かつ f はある偶置換で不変でないから, すでに示したように f はある3数の巡回置換 $(i\ j\ k)$ によって, 1の原始3乗根 ω 倍されて ωf になる. ところが $n \geqq 5$ なので i, j, k と異なる2数 ℓ, m がある. このとき

$$(i\ j\ k) = (k\ j\ i\ m\ \ell)(i\ k\ j\ \ell\ m)$$

なのである. f はどんな5数の巡回置換でも不変なのだから, もちろん $(i\ k\ j\ \ell\ m)$ や $(k\ j\ i\ m\ \ell)$ についても不変である. よって上の等式から, f は3数の巡回置換 $(i\ j\ k)$ についても不変でなければならない.

以上より $\omega f = f$ と結論されるが, $\omega \neq 1$ なのでこれは不可能である. すなわち n が5以上のときには, ある偶置換で不変でなく $f^3 \in L_n$ であるような $x_1, \ldots, x_n$ の式 f は存在しない. □

というわけで, $n \geqq 5$ のときには, べき根をとるという操作では偶置換に関する対称性を崩すことができない. 従って根の公式は存在しない, というのがルフィニによる不可能の証明である.

残念ながら彼の議論には見落としがあるので, これを以って根の公式が存在しないとは言い切れない. しかし, どこに不備があるのか？ 実は, 問題は, 奇置換に対する対称性を壊せるからといって L_n から出発した点にある.

まず, 最初に既知の数として, 方程式の係数から加減乗除で作られる数, すなわち, $a_1, \ldots, a_n$ の有理式全体 K_0 を考えることは問題ない. 補題 6.8 と対称式の基本定理によって, K_0 は根 $x_1, \ldots, x_n$ の対称有理式の全体と言うこともできる.

次に, 奇置換に対する対称性を壊すために根の差積 Δ_n を考えて, 既知の数の範囲を L_n にまで増やした. 本来ならここは, ある素数 p に対して $f^p \in K_0$ だが, ある置換に対して不変でない式 $f(x_1, \ldots, x_n)$ を見つけるというステップである. 補題 6.4 より任意の置換は互換の積なので, ある互換 $(i\ j)$ に対して $g := {}^{(i\ j)}f \neq f$ である. $f^p \in K_0$ より $f^p = {}^{(i\ j)}(f^p) = ({}^{(i\ j)}f)^p = g^p$ だから, $\epsilon^p = 1$ となる ϵ があって $g = \epsilon f$ となる. このとき, $(i\ j)^2 = 1_n$ に注意すると $f = {}^{(i\ j)^2}f = {}^{(i\ j)}(\epsilon f) = \epsilon^2 f$ となるから, $\epsilon^2 = 1$ である. これより $p = 2$ が従う. つまり, 考えるべき式 f は対称式の平方根である. 従ってもし f が $x_1, \ldots, x_n$ の有理式ならば, 系 6.10 より対称有理式 f_1, f_2 を用

いて $f = f_1 + f_2\Delta_n$ と書けて，$f \in L_n$ となる．よって，この場合はルフィニの考察は正当化される．しかし，f は本当に $x_1, \ldots, x_n$ の有理式だと仮定してよいのだろうか？

4次までの方程式に対する根の公式をラグランジュの考察を通して眺めたときに最も自然に現れた交代式—差積—を，それがあまりに自然だったため $n \geqq 5$ の場合にも無批判に採用してしまったことが，ルフィニの敗着だったわけである．

当然成り立つと思われる命題をきちんと証明することは，時としてとてつもなく難しい．

7.5 アーベルの補題

ルフィニの論文から 25 年経った 1824 年の春，ノルウェーの数学者アーベル (Niels Henrik Abel, 1802–1829) は，わずか 6 ページの論文「代数方程式についての論文」("Memoire sur les equations algebriques," Oeuvres complétes de Niels Henrik Abel, publiées par L. Sylow et S. Lie, Vol. 1) において，5次以上の方程式は一般に代数的に解くことは不可能であることの証明を発表した．これはルフィニの議論の欠陥を補ったものである．

アーベル

▼ 7.5.1 素数乗根を付け加えること

普通に加減乗除が計算できる対象を体 (field) という．ただし，もちろん零で割ってはいけない．例えば有理数全体 $\mathbb{Q}$, 実数全体 $\mathbb{R}$, 複素数全体 $\mathbb{C}$ は体である．また，前節の K_0 や L_n も体である．

K は体で p は素数とする．また，K は1の原始 p 乗根

$$\varepsilon_p = \cos\frac{2\pi}{p} + \sqrt{-1}\sin\frac{2\pi}{p}$$

を含むものとする．$\Phi \in K$ に対して，その p 乗根 $\alpha = \sqrt[p]{\Phi}$ を考える．この

とき，$\alpha\varepsilon_p^i$ $(i=0,1,\ldots,p-1)$ が Φ の p 乗根全体である．

$$K(\alpha) = \{c_0 + c_1\alpha + c_2\alpha^2 + \cdots + c_{p-1}\alpha^{p-1} \mid c_i \in K \ (0 \leqq i \leqq p-1)\}$$

とおく．$\alpha \in K$ ならば $K(\alpha) = K$ となってしまってつまらないので，$\alpha \notin K$ と仮定する．

> **補題 7.2.** $c_i \in K$ $(0 \leqq i \leqq p-1)$ に対して，$c_0 + c_1\alpha + c_2\alpha^2 + \cdots + c_{p-1}\alpha^{p-1} = 0$ ならば $c_0 = c_1 = \cdots = c_{p-1} = 0$ である．

《証明》 $F(X) = c_0 + c_1 X + c_2 X^2 + \cdots + c_{p-1}X^{p-1}$ とおき，これが多項式として零でないと仮定して矛盾を導く．

$G(X) = X^p - \Phi$ とおけば，$F(X)$ と $G(X)$ は共通根 $X = \alpha$ をもつ．$F(X)$ と $G(X)$ の最大公約数（式）を $H(X)$ とし，d をその次数とする[*3]．$H(X)$ は $X - \alpha$ で割り切れるので $d > 0$ である．また，$F(X)$ と $G(X)$ の係数はすべて K に属するから，$H(X)$ の係数もそうである．

$H(X)$ は $G(X)$ を割り切るので，$H(X) = 0$ の根は $G(X) = 0$ の根でもあるから，$\alpha\varepsilon_p^i$ $(i=0,1,\ldots,p-1)$ のうちの異なる d 個である．それを $\alpha\varepsilon_p^{i_k}$ $(k=1,\ldots,d)$ とすると，ある 0 でない定数 $c \in K$ があって

$$H(X) = c(X - \alpha\varepsilon_p^{i_1})(X - \alpha\varepsilon_p^{i_2})\cdots(X - \alpha\varepsilon_p^{i_d})$$

と書ける．$H(X)$ の定数項を見ると $c(-1)^d \alpha^d \varepsilon_p^\iota \in K$ である．ただし $\iota = i_1 + \cdots + i_d$ とおいた．今，$c, \varepsilon_p \in K$ なので，これは $\alpha^d \in K$ を示している．取り方から，$d \leqq p-1 = \deg F(X)$ なので，d と p は互いに素である．よってユークリッドの互除法より $\lambda d + \mu p = 1$ となる整数 λ, μ が存在する．このとき

$$\alpha = \alpha^1 = \alpha^{\lambda d + \mu p} = (\alpha^d)^\lambda (\alpha^p)^\mu = (\alpha^d)^\lambda \Phi^\mu$$

であり，$\alpha^d, \Phi \in K$ だから，これは $\alpha \in K$ であることを示している．しかし $\alpha \notin K$ だったので，矛盾である．

[*3] 1 変数多項式の割り算も整数の場合と同様に，商と余りが一意的に定まる．余りの多項式の次数は割る多項式のそれより確実に小さい．このことを使えば，整数に対するユークリッドの互除法と全く同様のアルゴリズムで最大公約式を求めることができる．

以上より，$F(X)$ は多項式として零だから，$c_0 = c_1 = \cdots = c_{p-1} = 0$ である． □

$\phi, \psi \in K(\alpha)$ のとき，明らかに $\phi \pm \psi \in K(\alpha)$ となる．また，$\Phi = \alpha^p \in K$ なので，正整数 N を p で割ったときの商を m，余りを r とすれば $0 \leqq r < p$ であり

$$\alpha^N = \alpha^{mp+r} = (\alpha^p)^m \alpha^r = \Phi^m \alpha^r$$

となる．すなわち α の p 以上のべきは K の元と α の低いべきとの積で書ける．このことを使えば $\phi, \psi \in K(\alpha)$ のとき，$\phi\psi \in K(\alpha)$ であることも容易に示される．

ここで，$\psi \neq 0$ のとき $1/\psi \in K(\alpha)$ を示そう．$\psi = c_0 + c_1\alpha + c_2\alpha^2 + \cdots + c_{p-1}\alpha^{p-1}$ と書ける．この表示を見て，多項式 $\Psi(Y) = c_0 + c_1 Y + c_2 Y^2 + \cdots + c_{p-1} Y^{p-1}$ を考える．さらに，変数 $Y_0, Y_1, \ldots, Y_{p-1}$ をとって

$$\widetilde{\Psi}(Y_0, Y_1, \ldots, Y_{p-1}) := \Psi(Y_0)\Psi(Y_1)\cdots\Psi(Y_{p-1})$$

とおく．これは $Y_0, \ldots, Y_{p-1}$ に関する対称多項式だから，基本対称式 $\sigma_k(Y_0, Y_1, \ldots, Y_{p-1})$ $(k = 1, 2, \ldots, p)$ の多項式になる．根と係数の関係から，$(-1)^k \sigma_k(\alpha, \alpha\epsilon_p, \ldots, \alpha\epsilon_p^{p-1})$ は $X^p - \Phi$ における X^{p-k} の係数である．従って

$$\sigma_k(\alpha, \alpha\epsilon_p, \ldots, \alpha\epsilon_p^{p-1}) = \begin{cases} 0, & (k = 1, \ldots, p-1), \\ \pm\Phi, & (k = p) \end{cases}$$

となり，すべて K の元である．K は加減乗除で閉じているから，以上より，$\widetilde{\psi} = \widetilde{\Psi}(\alpha, \alpha\epsilon_p, \ldots, \alpha\epsilon_p^{p-1})$ は K の元であることがわかった．$\Psi(\alpha\epsilon_p^i) = \psi_i$ $(i = 0, 1, \ldots, p-1)$ とおけば，前補題より $\psi_i \neq 0$ である．$\widetilde{\psi} = \psi_0 \psi_1 \cdots \psi_{p-1}$ だから，これも零ではない．よって $\widetilde{\psi} \in K$ は乗法逆元をもつから，

$$\frac{\psi_1 \psi_2 \cdots \psi_{p-1}}{\widetilde{\psi}} \in K(\alpha)$$

である．$\psi = \psi_0$ だから，

$$\psi \cdot \frac{\psi_1 \psi_2 \cdots \psi_{p-1}}{\widetilde{\psi}} = \frac{\psi_1 \psi_2 \cdots \psi_{p-1}}{\widetilde{\psi}} \cdot \psi = \frac{\psi_0 \psi_1 \cdots \psi_{p-1}}{\psi_0 \psi_1 \cdots \psi_{p-1}} = 1$$

が成立し，ψ は乗法逆元をもつ．

以上より，$K(\alpha)$ も四則演算のできる対象，すなわち体であることがわかった．

▼ 7.5.2　入れ子になる有理式

n 次方程式

$$P(X) = X^n + a_1 X^{n-1} + \cdots + a_{n-1} X + a_n = 0$$

に根の公式が存在したと仮定する．K_0 から始めて，次にある K_0 の元 Φ_0 の平方根 α_0 を考える必要があった．上で見たように，$K_1 = K_0(\alpha_0)$ は体になる．その次には，ある K_1 の元 Φ_1 の 3 乗根 α_1 が必要になる．$K_2 = K_1(\alpha_1)$ とおく．帰納的に，公式を実現するためにある K_i の元 Φ_i の素数 p_i 乗根 α_i が必要ならば，$K_{i+1} = K_i(\alpha_i)$ とする．こうして体の列

$$K_0 \subset K_1 \subset \cdots \subset K_i = K_{i-1}(\alpha_{i-1}) \subset \cdots$$

ができていくが，根の公式には有限個のべき根しか許されないから，この列は有限個で止まらなければならない．そこで，$K_{m+1} = K_m(\alpha_m)$ で止まったとしよう．これはつまり，根の公式が K_{m+1} の元として実現されたという意味である．今，m はこのような自然数のうちで最小であるようにとる．

まず，一番最後に付け加えたべき根を調べておこう．簡単のため $\alpha = \alpha_m$，$p = p_m$，$\Phi = \Phi_m$，$K = K_m$ とおく．$\alpha^p = \Phi \in K$ だが，m の最小性から $\alpha \notin K$ でなければならない．$K_{m+1} = K(\alpha)$ には根の公式があるから，$P(X) = 0$ の根 x_1 を

$$x_1 = c_0 + c_1 \alpha + \cdots + c_{p-1} \alpha^{p-1} \quad (c_i \in K) \tag{7.2}$$

と表示することができる．

---**主張 1**---

上の x_1 の表示における α の係数 c_1 は，1 であるとしてよい．

《証明》　もし $c_1 = c_2 = \cdots = c_{p-1} = 0$ なら $x_1 = c_0 \in K$ となってしまって，根の公式に α は不要になるから，m の取り方に矛盾する．従って

係数が 0 でない最小の正べきの項 $c_k\alpha^k$ がある．そこで $\alpha' = c_k\alpha^k$ とおくと $(\alpha')^p = c_k^p(\alpha^k)^p = c_k^p\Phi^k \in K$ である．p は素数で $0 < k < p$ だから k と p は互いに素である．よってユークリッドの互除法から $\mu k + \nu p = 1$ をみたす整数 μ, ν がとれる．j を任意の正の整数とすると，従って $j\mu k + j\nu p = j$ である．$j\mu$ を p で割った商を $m(j)$，余りを $r(j)$ とおく：$j\mu = m(j)p + r(j)$，$0 \leq r(j) < p$．これを代入して

$$(m(j)p + r(j))k + j\nu p = j \Leftrightarrow j - r(j)k = (j\nu + m(j)k)p$$

よって $j \equiv r(j)k \pmod{p}$ だから，$r(j) = 1 \Leftrightarrow j \equiv k \pmod{p}$ がわかる．このとき

$$\alpha^j = (\alpha^p)^{(j\nu + m(j)k)}(\alpha^k)^{r(j)} = \frac{\Phi^{j\nu + m(j)k}}{c_k^{r(j)}}(\alpha')^{r(j)}$$

なので，x_1 の式に代入して整理すれば

$$x_1 = c'_0 + \alpha' + c'_2(\alpha')^2 + \cdots + c'_{p-1}(\alpha')^{p-1} \quad (c'_i \in K)$$

の形になる． □

主張 2

(7.2) において，α および係数 $c_0, c_1, \ldots, c_{p-1}$ は，方程式 $P(X) = 0$ の根と 1 の原始 p 乗根 ε の有理式である．

《証明》 x_1 は $P(X) = 0$ の根なので $P(x_1) = x_1^n + a_1 x_1^{n-1} + \cdots + a_{n-1}x_1 + a_n = 0$ である．$P(x_1)$ に x_1 の式 (7.2) を代入した後，$\alpha^p = \Phi \in K$ を使って α の高べきを処理すれば，

$$d_0 + d_1\alpha + d_2\alpha^2 + \cdots + d_{p-1}\alpha^{p-1} = 0$$

という形の関係式が得られる．すると補題 7.2 より $d_0 = d_1 = \cdots = d_{p-1} = 0$ でなければならない．よって $i = 1, \ldots, p$ に対しても当然

$$d_0 + d_1(\alpha\varepsilon^{i-1}) + d_2(\alpha\varepsilon^{i-1})^2 + \cdots + d_{p-1}(\alpha\varepsilon^{i-1})^{p-1} = 0$$

が成り立つから，$i = 1, 2, \ldots, p$ に対して

$$x_i = c_0 + \alpha\varepsilon^{i-1} + c_2(\alpha\varepsilon^{i-1})^2 \cdots + c_{p-1}(\alpha\varepsilon^{i-1})^{p-1}$$

とおけば，$P(x_i) = 0$ となり x_i は方程式 $P(X) = 0$ の根であることがわかる．$j = 0, 1, \ldots, p-1$ に対して

$$\sum_{i=1}^{p} \varepsilon^{-j(i-1)} x_i = \sum_{i=1}^{p} \sum_{k=0}^{p-1} c_k \varepsilon^{(k-j)(i-1)} \alpha^k$$
$$= \sum_{k=0}^{p-1} c_k \alpha^k \sum_{i=1}^{p} (\varepsilon^{k-j})^{(i-1)}$$

である．$k \neq j$ ならば ε^{k-j} は 1 の原始 p 乗根だから

$$1 + \varepsilon^{k-j} + (\varepsilon^{k-j})^2 + \cdots + (\varepsilon^{k-j})^{p-1} = 0$$

となる．従って

$$\sum_{i=1}^{p} \varepsilon^{-j(i-1)} x_i = c_j \alpha^j \cdot p$$

すなわち

$$c_0 = \frac{1}{p}(x_1 + x_2 + \cdots + x_p)$$
$$\alpha = \frac{1}{p}(x_1 + \varepsilon^{-1} x_2 + \cdots + \varepsilon^{-(p-1)} x_p)$$
$$c_2 \alpha^2 = \frac{1}{p}(x_1 + \varepsilon^{-2} x_2 + \cdots + \varepsilon^{-2(p-1)} x_p)$$
$$\vdots$$
$$c_{p-1} \alpha^{p-1} = \frac{1}{p}(x_1 + \varepsilon^{-(p-1)} x_2 + \cdots + \varepsilon^{-(p-1)^2} x_p)$$

が成立する．これらから，α および $c_0, c_2, \ldots, c_{p-1}$ は $P(X) = 0$ の根 $x_1, x_2, \ldots, x_p$ と 1 の原始 p 乗根 ε の有理式として表されることが示された． □

7.5 アーベルの補題

主張 3

$\alpha_0, \ldots, \alpha_{m-1}$ も $P(X) = 0$ の根 $x_1, \ldots, x_n$ と 1 の素数乗根の有理式で表示される.

《証明》 (7.2) において,係数 c_i は $K = K_m$ の元であるから,$\alpha = \alpha_m$ を含まない.$c_0, c_2, \ldots, c_{p-1}$ のうちどれもが α_{m-1} を含まなければ,α_{m-1} は $P(X) = 0$ を解くためには不要となるので,m の最小性に矛盾する.よってどれか 1 つは α_{m-1} を含む.そのような c_i を 1 つ選んで y_1 とおく.すると,すでに見たように y_1 は $P(X) = 0$ の根 $x_1, \ldots, x_p$ と 1 の原始 p 乗根による有理式で表示されている.それを

$$y_1 = \varphi(x_1, \ldots, x_p)$$

としよう.$\{^\rho\varphi \mid \rho \in S_n\} = \{\varphi = \varphi_1, \varphi_2, \ldots, \varphi_s\}$ とおき

$$\begin{aligned} Q(Y) &= (Y - \varphi_1)(Y - \varphi_2) \cdots (Y - \varphi_s) \\ &= Y^s - \sigma_1(\varphi) Y^{s-1} + \cdots + (-1)^s \sigma_s(\varphi) \end{aligned}$$

を考える.ただし $\sigma_k(\varphi)$ は $\varphi_1, \ldots, \varphi_s$ の k 次基本対称式である.$x_1, \ldots, x_n$ のどんな入れ替えに対しても $\{\varphi = \varphi_1, \varphi_2, \ldots, \varphi_s\}$ は集合として不変であるから,$Q(Y)$ もそうである.従って $\sigma_1(\varphi), \ldots, \sigma_s(\varphi)$ はすべて $x_1, \ldots, x_n$ の対称式である.つまり y_1 は $P(X)$ の係数と 1 の p 乗根から加減乗除を用いて生成された数を係数とする方程式 $Q(Y) = 0$ の根である.

取り方から y_1 は α_{m-1} を含む $K_{m-1}(\alpha_{m-1})$ の元であり K_{m-1} には属さない.よって y_1 は (7.2) と類似の表示

$$y_1 = e_0 + e_1 \alpha_{m-1} + \cdots + e_{p_{m-1}} \alpha_{m-1}^{p_{m-1}-1} \quad (e_i \in K_{m-1})$$

をもつ.α_{m-1} は方程式 $Q(Y) = 0$ を解くために最後に付け加えたべき根であるとみなすことができる.従って,主張 1, 2 を α と $P(X)$ の代わりに α_{m-1} と $Q(Y)$ に適用すれば,α_{m-1} および y_1 を α_{m-1} の $p_{m-1} - 1$ 次式で表示した際の係数はすべて $\varphi_1, \ldots, \varphi_s$ と 1 の p_{m-1} 乗根の有理式として表示されることがわかる.従って,これらはすべて $x_1, \ldots, x_n$ の有理式になる.

あとは全く同様の議論を繰り返し適用して，α_{m-2} から α_0 まで順次 $x_1, \ldots, x_n$ の有理式であることを示せばよい． □

以上より，次が示された．

> **命題 7.3** (アーベルの補題)．　n 次方程式
> $$P(X) = X^n + a_1 X^{n-1} + \cdots + a_{n-1} X + a_n = 0$$
> が四則演算および有限回のべき根をとる操作で解けるならば，根の公式に必要なべき根はすべて $P(X) = 0$ の根および有限個の 1 の素数乗根の有理式として表示できる．

従って，これとルフィニの結果を併せれば，不可能の証明が完成する．

> **定理 7.4** (ルフィニ・アーベルの定理)．　$n \geq 5$ のとき，n 次代数方程式には根の公式は存在しない．

アーベルはその後 1826 年に，詳細な証明を書いた論文 (Beweis der Unmöglichkeit algebraische Gleichungen von höheren Graden als dem vierten allgemein aufzulösen, Journal für die reine und angewandte Mathematik, vol 1 (1826), 62–84) を Crelle 誌に発表している．その日本語訳と解説が [4] にある．

◁ **ノート 7.5.**　根の公式がないからといって，どんな 5 次方程式も代数的に解けないというわけではない．例えば，零でない有理数 a, b に対して 5 次方程式 $X^5 + aX + b = 0$ を考えるとき，

$$a = \frac{5e^3(3 - 4\epsilon c)}{c^2 + 1}, \quad b = -\frac{4e^5(11\epsilon + 2c)}{c^2 + 1}$$

をみたす 3 つの有理数 $\epsilon = \pm 1, c \geq 0, e \neq 0$ が存在すれば，代数的に解けることが知られている[*4]．

[*4] B. K. Spearman and K. S. Williams, Characterization of solvable quintics,

アーベル賞

　2001 年，ノルウェー政府は同国出身である数学者ニールス・アーベルの生誕 200 年（2002 年）を記念して，彼の名を冠した新しい数学の賞を創設すると発表し，そのためにニールス・ヘンリック・アーベル基金を創設した．因みに賞金額はノーベル賞に匹敵する約 1 億円で，数学の賞としては最高額である．2013 年までの受賞者は，次の通りである．

- 2003 Jean-Pierre Serre
- 2004 Michael Francis Atiyah, Isadore Manual Singer
- 2005 Peter D. Lax
- 2006 Lennart Carleson
- 2007 S. R. Srinivasa Varadhan
- 2008 John Griggs Thompson, Jacques Tits
- 2009 Mikhael Leonidovich Gromov
- 2010 John Tate
- 2011 John Willard Milnor
- 2012 Endre Szemerédi
- 2013 Pierre Deligne

Amer. Math. Monthly **101** (1994), 896–992.

第8章 チルンハウス変換

5次方程式の根の公式は最初から不可能だと思われていたわけではない．ルフィニが不可能だと言い出すまでは，誰もが解けると信じて疑わなかったし，それを見つける努力は延々となされていた．アーベルでさえも5次方程式の根の公式を発見したと錯覚していた時期があったようだ．

8.1 ガロア

ラグランジュやルフィニによる根の置換によって方程式を制御するという考え方は，早世の天才ガロア (Évariste Galois, 1811–1832) によって見事に整備される．それがいわゆるガロア理論であり，ルフィニ・アーベルの定理はより高い視点から見通しのよい証明を与えられることになる．

その一方，ガロアは，5次方程式の根の公式が加減乗除とべき根をとる操作では実現できないとしても，楕円モジュラー関数を用いる超越的方法ならば一般的解法が存在するはずであると予言して，その遺書に書き残している．実際に，エルミート (Charles Hermite, 1822–1901) はガロアの死後，それを実行し楕円関数を用いた5次方程式の解法を提示した．高次代数方程式の根の表示は，四則演算とべき根をとる操作のみを許すという代数的解法に限定しないで，保型関数や超幾何関数といった超越的な関数を用いれば可能なのである．

エルミートの解法は次章に回すことにして，以下ではルフィニ・アーベルの定理が出現する以前の「有力な」アプローチを紹介しよう．

8.2 ニュートンの公式

n 個の文字 $x_1, x_2, \ldots, x_n$ の対称式

$$s_k = x_1^k + x_2^k + \cdots + x_n^k = \sum_{i=1}^{n} x_i^k \quad (k = 1, 2, \ldots)$$

は，対称式論の基本定理によって，基本対称式 σ_i の多項式として表示できる．次の計算法はニュートン (Isaac Newton, 1642–1727) によるものである．

ニュートンの公式

$1 \leqq k \leqq n$ のとき

$$s_k = s_{k-1}\sigma_1 - s_{k-2}\sigma_2 + \cdots + (-1)^k s_1 \sigma_{k-1} + (-1)^{k+1} k \sigma_k$$

であり，$k \geqq n+1$ ならば

$$s_k = s_{k-1}\sigma_1 - s_{k-2}\sigma_2 + \cdots + (-1)^{n+1} s_{k-n} \sigma_n$$

である．

《証明》 $f(t) = (1 + x_1 t)(1 + x_2 t) \cdots (1 + x_n t)$ とおく．展開すると

$$f(t) = 1 + \sigma_1 t + \sigma_2 t^2 + \cdots + \sigma_{n-1} t^{n-1} + \sigma_n t^n = 1 + \sum_{k=1}^{n} \sigma_k t^k$$

であり，これを微分すると

$$f'(t) = \sigma_1 + 2\sigma_2 t + \cdots + n\sigma_n t^{n-1} = \sum_{k=1}^{n} k \sigma_k t^{k-1}$$

となる．一方，

$$\frac{f'(t)}{f(t)} = \frac{d \log f(t)}{dt} = \frac{x_1}{1 + x_1 t} + \cdots + \frac{x_n}{1 + x_n t} = \sum_{i=1}^{n} \frac{x_i}{1 + x_i t}$$

である．ここで

$$\frac{x_i}{1+x_it} = x_i(1 - x_it + x_i^2t^2 + \cdots + (-1)^\ell x_i^\ell t^\ell + \cdots)$$

なので，

$$\frac{f'(t)}{f(t)} = \sum_{k=1}^{\infty}(-1)^{k-1}s_kt^{k-1}$$

だから，

$$\sigma_1 + 2\sigma_2t + \cdots + n\sigma_nt^{n-1} = (1 + \sum_{k=1}^{n}\sigma_kt^k)(\sum_{k=1}^{\infty}(-1)^{k-1}s_kt^{k-1})$$

なる等式を得る．両辺の t^k の係数を比較すれば，ニュートンの公式が得られる． □

8.3 チルンハウスのアプローチ

5次方程式は

$$X^5 + a_1X^4 + a_2X^3 + a_3X^2 + a_4X + a_5 = 0 \tag{8.1}$$

という形である．これにカルダノ変換を施せば

$$X^5 + b_2X^3 + b_3X^2 + b_4X + b_5 = 0 \tag{8.2}$$

という形にできる．これをもっと簡単な形，すなわち3次や2次の項もなくして

$$Y^5 + c_3Y^2 + c_4Y + c_5 = 0 \tag{8.3}$$

$$Z^5 + d_4Z + d_5 = 0 \tag{8.4}$$

のようにできないだろうか？ もしさらに1次の項もなくせて

$$W^5 + e_5 = 0 \tag{8.5}$$

まで変形できれば，5次方程式は解けるのだ．

そのためにはどうすればよいだろうか？ カルダノ変換は 1 次式を使った変換なので，もっと高い次数の変換を使えばよい．チルンハウス (Ehrenfried Walther von Tschirnhaus, 1651–1708) はこう考え，論文 "Methodus auferendi ommes terminos intermedios ex data equatione", Acta Eruditorium **2** (1683), 204–207 において，実際にこの方法で 3 次方程式を $X^3 + a = 0$ の形に還元して解いてみせた．

チルンハウス　　　以下ではいろいろな 5 文字に対して基本対称式 σ_k やニュートン和 s_k を考えるので，例えば x_1, x_2, x_3, x_4, x_5 に対するものを $\sigma_k(x)$ や $s_k(x)$ と書き，y_1, y_2, y_3, y_4, y_5 に対するものを $\sigma_k(y), s_k(y)$ と書いて，使う文字によって区別しておこう．

$$s_k(x) = x_1^k + x_2^k + x_3^k + x_4^k + x_5^k = \sum_{i=1}^{5} x_i^k \quad (k = 1, 2, 3, \dots)$$

を考える．ニュートンの公式を使うと，簡単な計算から

$$\begin{aligned}
s_1(x) &= \sigma_1(x), \\
s_2(x) &= \sigma_1(x)^2 - 2\sigma_2(x), \\
s_3(x) &= \sigma_1(x)^3 - 3\sigma_1(x)\sigma_2(x) + 3\sigma_3(x), \\
s_4(x) &= \sigma_1(x)^4 - 4\sigma_1(x)^2\sigma_2(x) + 4\sigma_1(x)\sigma_3(x) + 2\sigma_2(x)^2 - 4\sigma_4(x), \\
s_5(x) &= \sigma_1(x)^5 + 5(-\sigma_1(x)^3\sigma_2(x) + \sigma_1(x)^2\sigma_3(x) \\
&\quad + \sigma_1(x)\sigma_2(x)^2 - \sigma_1(x)\sigma_4(x) - \sigma_2(x)\sigma_3(x) + \sigma_5(x))
\end{aligned}$$

である．一般の $s_k(x)$ もニュートンの公式を用いて帰納的に計算すれば，基本対称式を用いて表示できる．

さて，$x_i\ (1 \leqq i \leqq 5)$ が (8.2) の根ならば，根と係数の関係から

$$\sigma_1(x) = 0,\ \sigma_2(x) = b_2, \sigma_3(x) = -b_3, \sigma_4(x) = b_4,\ \sigma_5(x) = -b_5$$

である．従って，上の s_k と σ_ℓ の関係式を用いれば

8.3 チルンハウスのアプローチ 111

$$\begin{cases} s_1(x) = 0, \\ s_2(x) = -2b_2, \\ s_3(x) = -3b_3, \\ s_4(x) = 2b_2^2 - 4b_4, \\ s_5(x) = 5(b_2 b_3 - b_5) \end{cases}$$

となる．また，(8.3) の根 y_1, y_2, y_3, y_4, y_5 についても同様に

$$\begin{cases} s_1(y) = 0, \\ s_2(y) = 0, \\ s_3(y) = -3c_3, \\ s_4(y) = -4c_4, \\ s_5(y) = -5c_5 \end{cases}$$

となる．

ここで，$Y = X^2 + \alpha X + \beta$ という置き換えで (8.2) を (8.3) にすることができるかどうかを検討してみよう．つまり，b_2, b_3, b_4, b_5 を既知として，未知数 $\alpha, \beta, c_3, c_4, c_5$ が決められるかという問題を考える．

$$y_i = x_i^2 + \alpha x_i + \beta \quad (1 \leqq i \leqq 5)$$

だとして構わないから，$s_k(y)$ は $s_1(x), \ldots, s_{2k}(x)$ と α, β を用いて表示でき，従って結局 (8.2) の係数および α, β を用いて表示される．実際，

$$s_1(y) = \sum_{i=1}^{5}(x_i^2 + \alpha x_i + \beta) = s_2(x) + \alpha s_1(x) + 5\beta = -2b_2 + 5\beta$$

であり，同様に

$$\begin{aligned} s_2(y) &= \sum_{i=1}^{5}(x_i^2 + \alpha x_i + \beta)^2 \\ &= s_4(x) + 2\alpha s_3(x) + (\alpha^2 + 2\beta)s_2(x) + 2\alpha\beta s_1(x) + 5\beta^2 \\ &= 2b_2^2 - 4b_4 + 2\alpha(-3b_3) + (\alpha^2 + 2\beta)(-2b_2) + 5\beta^2 \end{aligned}$$

112　第 8 章　チルンハウス変換

と計算できるので，$s_1(y) = 0$ と $s_2(y) = 0$ は

$$\begin{cases} 5\beta - 2b_2 = 0 \\ -2b_2\alpha^2 - 6b_3\alpha + 5\beta^2 - 4b_2\beta + 2b_2^2 - 4b_4 = 0 \end{cases}$$

となる．第 1 式から $\beta = 2b_2/5$ なので，それを第 2 式に代入すると α の 2 次方程式

$$5b_2\alpha^2 + 15b_3\alpha + 10b_4 - 3b_2^2 = 0$$

が得られる．これを解いて α を求めることができる．α, β がわかったので，実際にはかなりの量の計算が必要だが，$s_3(y), s_4(y), s_5(y)$ を b_2, b_3, b_4, b_5 で表すことができる．すると残りの関係式 $s_3(y) = -3c_3$, $s_4(y) = -4c_4$, $s_5(y) = -5c_5$ を使えば，c_3, c_4, c_5 が求められる．以上で (8.2) を (8.3) に簡略化できることがわかった．

$Y = X^2 + \alpha X + \beta$ という変換を 2 次**チルンハウス変換**という．2 次チルンハウス変換を使えば，一般の n 次方程式についても $n-1$ 次および $n-2$ 次の項をなくすことができる．証明は上の $n = 5$ の場合と全く同様である．

▷ **注意 8.1.**　欠点がないわけではない．2 次チルンハウス変換の下では，(8.3) の根 1 つに対して (8.2) の根の候補は 2 つ見つかる．2 次方程式を解くことになるので，当然である．どちらが本当の (8.2) の根であるかは，代入して確かめてみないとわからない．

2 次の変換がうまくいったので，チルンハウスは 3 次チルンハウス変換

$$Z = Y^3 + \alpha Y^2 + \beta Y + \gamma$$

を使えば (8.3) を (8.4) にまで簡略化できると信じた．実際，$z_i = y_i^3 + \alpha y_i^2 + \beta y_i + \gamma$ $(1 \leqq i \leqq 5)$ が (8.4) の根ならば

$$\begin{cases} s_1(z) = 0, \\ s_2(z) = 0, \\ s_3(z) = 0, \\ s_4(z) = -4d_4, \\ s_5(z) = -5d_5 \end{cases} \tag{8.6}$$

なのだから，最初の3つの関係式 $s_1(z) = s_2(z) = s_3(z) = 0$ を用いて α, β, γ を求めてしまえば，残り2つの関係式 $s_4(z) = -4d_4, s_5(z) = -5d_5$ で d_4, d_5 が計算できるはずだ．未知数の数と方程式の数が等しいので，一見これでうまくいくように見える．ところが，実は計算過程で α の6次方程式を解く必要が生じて，この方針は頓挫してしまう．6次方程式の根の公式という未知の公式を使うわけにはいかないからである．実際に $s_1(z) = s_2(z) = s_3(z) = 0$ を書き下すと

$$\begin{cases} 5\gamma - 3c_3 = 0 \\ 5\gamma^2 - 10c_5\alpha - 4c_4\alpha^2 - 8c_4\beta - 6c_3\alpha\beta - 6c_3\gamma + 3c_3^2 = 0 \\ 5\gamma^3 - 15c_5\alpha^2\beta - 15c_5\beta^2 - 30c_5\alpha\gamma - 12c_4\alpha\beta^2 - 12c_4\alpha^2\gamma - 24c_4\beta\gamma \\ \quad + 9c_4c_5 + 12c_4^2\alpha - 3c_3\beta^3 - 18c_3\alpha\beta\gamma - 9c_3\gamma^2 + 24c_3c_5\alpha \\ \quad + 21c_3c_4\alpha^2 + 21c_3c_4\beta + 3c_3^2\alpha^3 + 18c_3^2\alpha\beta + 9c_3^2\gamma - 3c_3^3 = 0 \end{cases}$$

となるから，β と γ を消去すれば，α に関する6次方程式が出現する．

もしチルンハウスの計画通りに物事が進行していれば，さらに4次チルンハウス変換を使って (8.4) を (8.5) の形に直して，5次方程式が解けてしまったのに．

8.4 ブリングとジェラードの試み

ブリング (E. S. Bring, 1736–1798) は，4次チルンハウス変換

$$Z = Y^4 + \alpha Y^3 + \beta Y^2 + \gamma Y + \delta \tag{8.7}$$

を使えば (8.3) を (8.4) に簡略化できることに気がついた．その後ジェラード (G. B. Jerrard, 1804–1863) は，ブリングの仕事に気が付かないままに同様の計算を行って，4次チルンハウス変換を使えば n 次方程式から $n-1$ 次，$n-2$ 次，$n-3$ 次の項を消去できると主張している．それをきちんと実行するには大量の計算が必要なので，ここではアイディアを説明することに注力し，具体的な計算は省略する．

今，4次チルンハウス変換 $Z = Y^4 + \alpha Y^3 + \beta Y^2 + \gamma Y + \delta$ によって (8.3) が (8.4) になるとすれば，

$$z_i = y_i^4 + \alpha y_i^3 + \beta y_i^2 + \gamma y_i + \delta \quad (1 \leq i \leq 5)$$

とおけるから，$s_k(z)$ を $s_\ell(y)$ $(1 \leq \ell \leq 4k)$ で表示することができ，上の $s_k(z)$ に関する式 (8.6) は，$\alpha, \beta, \gamma, \delta$ および d_4, d_5 に関する連立方程式だとみなせる．この場合，未知数の数は6個で方程式の数は5個だから，$\alpha, \beta, \gamma, \delta$ および d_4, d_5 の値をきちんと定めることはできないに決まっている．しかし，逆に言えば，もう1つの関係式をこちらで適当に設定できる余裕が生じている．つまり，1つの余計な未知数をこちらの都合のよい値にすることで，何とかしようという計画である．

まず

$$\begin{aligned}s_1(z) &= s_4(y) + \alpha s_3(y) + \beta s_2(y) + \gamma s_1(y) + 5\delta \\ &= -4c_4 - 3c_3\alpha + 5\delta\end{aligned}$$

なので，$s_1(z) = 0$ より

$$\delta = \frac{3}{5}c_3\alpha + \frac{4}{5}c_4$$

とおける．これを

$$\begin{aligned}s_2(z) =\ & s_8(y) + 2\alpha s_7(y) + (\alpha^2 + 2\beta)s_6(y) + 2(\alpha\beta + \gamma)s_5(y) \\ & + (\alpha\gamma + \beta^2 + 2\delta)s_4(y) + 2(\alpha\delta + \beta\gamma)s_3(y) + (\beta\delta + \gamma^2)s_2(y) \\ & + 2\gamma\delta s_1(y) + 5\delta^2\end{aligned}$$

に代入して計算すると，$s_2(z) = 0$ は

$$-10c_5\alpha\beta - 4c_4\beta^2 + \frac{4}{5}c_4^2 + 8c_3c_5 + \frac{46}{5}c_3c_4 + \frac{6}{5}c_3^2\alpha^2 + 6c_3^2\beta \\ - 2(4c_4\alpha + 3c_3\beta + 5c_5)\gamma = 0$$

となる．ここで，これが肝心の点だが

$$\beta = -\frac{4c_4}{3c_3}\alpha - \frac{5c_5}{3c_3}$$

とおくのである．すると上式には γ が現れなくなり，$s_2(z) = 0$ は

$$(300c_3c_4c_5 - 160c_4^3 + 27c_3^4)\alpha^2 + (27c_3^3c_4 - 400c_4^2c_5 + 375c_3c_5^2)\alpha$$

$$+18c_3^2c_4^2 - 45c_3^3c_5 - 250c_4c_5^2 = 0$$

となり，α の 2 次方程式である．これを解いて得られる α の値から，β, δ が決まる．それらを $s_3(z) = 0$ に代入すると γ の 3 次方程式

$$\begin{aligned}
&675c_3^3\gamma^3 + \{(3375c_3^2c_5 - 3600c_3c_4^2)\alpha - 4500c_3c_4c_5 - 2025c_3^4\}\gamma^2 \\
&\quad + \{(6000c_4^2c_5 + 675c_3^3c_4)\alpha^2 + (15000c_4c_5^2 - 4050c_3^3c_5 + 7200c_3^2c_4^2)\alpha \\
&\quad + 9375c_5^3 + 9675c_3^2c_4c_5 + 2025c_3^5\}\gamma \\
&\quad - (225c_3^2c_4c_5 + 320c_3c_4^3 + 54c_3^5)\alpha^3 \\
&\quad - (1125c_3^2c_5^2 + 3900c_3c_4^2c_5 + 960c_4^4 + 756c_3^4c_4)\alpha^2 \\
&\quad - (9375c_3c_4c_5^2 - (1485c_3^4 - 2400c_3^3)c_5 + 3843c_3^3c_4^2)\alpha \\
&\quad - 6250c_3c_5^3 - 1500c_4^2c_5^2 - 4770c_3^3c_4c_5 - 108c_3^2c_4^3 - 675c_3^6 = 0
\end{aligned}$$

が得られる．これはカルダノの公式で解ける．以上で，$\alpha, \beta, \gamma, \delta$ がわかったので，$s_4(z) = -4d_4$ と $s_5(z) = -5d_5$ を使って d_4, d_5 が計算される．

こうして 4 次までのチルンハウス変換を使って，5 次方程式を (8.4) の形まで簡略化できた．しかし，もう 4 次の変換を使ってしまったため，(8.4) を (8.5) の形にすることはできなくなった．

(8.4) において，$d_4 = 0$ ならば (8.5) の形なので解ける．$d_4 \neq 0$ のとき

$$Z = \sqrt[4]{-d_4}W$$

とおくと

$$(-d_4)^{\frac{5}{4}}W^5 + d_4(-d_4)^{\frac{1}{4}}W + d_5 = 0$$

となるから，

$$W^5 - W + e_5 = 0 \qquad (8.8)$$

の形に変形される．これを**ブリング・ジェラードの標準形**と呼ぶ．

結局のところ 5 次方程式の解法を見つけられなかったので，チルンハウス，ブリング，ジェラードの努力は無駄になってしまったかに見える．しかし，そこが面白いところで，後にエルミートはこの 5 次方程式の標準形を用いて楕円モジュラー関数による根の表示を発見するのである．

人間の努力はなかなか実らないものだが，決して無駄にはならないようである．

第 9 章
楕円関数と 5 次方程式

5 次方程式は楕円モジュラー関数を使えば解ける．ヴィエトは 3 角関数の 3 倍角の公式を使って 3 次方程式を解いた．エルミートによる 5 次方程式の解法はそれに似ていて，ヤコビ (Carl Gustav Jacob Jacobi, 1804–1851 年) の楕円関数に対する 5 倍公式を用いるのだ．

本章ではエルミートの解法を説明する．しかし，本質的な役割を演じるテータ関数や楕円関数は高校では習わない複素変数の関数だから，あまり深く立ち入ることはできない．詳細は [3] を見よ．

エルミート

9.1 楕円関数

ガウスは正 17 角形の作図に成功した後，それをいわゆる円分多項式の理論に発展させた．定規とコンパスを使って円周を n 等分に分割する話である．円で成功すれば，他の有理曲線でも同様のことを試したくなる．円に対する 3 角関数の類似を他の有理曲線に対して考えたものが楕円関数であり，レムニスケート ($r^2 = 2a^2 \cos 2\theta$) の弧長を計算するときに自然に登場する．ガウスは円のみならずレムニスケートの等分にも言及しており，それがアーベルやガロアを大いに

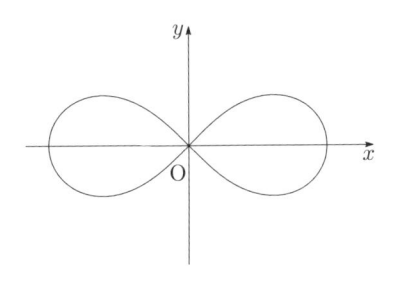

図 9.1　レムニスケート

刺激したという.

定数 κ をとり,積分
$$u = \int_0^x \frac{dx}{\sqrt{(1-x^2)(1-\kappa^2 x^2)}}$$
で定義される関数を考えると,導関数は
$$u'(x) = \frac{1}{\sqrt{(1-x^2)(1-\kappa^2 x^2)}}$$
となる.特に $u'(0) = 1 \neq 0$ だから,陰関数定理より原点の近傍で $u(x)$ の逆関数が存在するわけだが,それを接続して大域的な関数 $x = \operatorname{sn} u$

ヤコビ

を考えることができる.κ を強調する場合は $\operatorname{sn} u$ を $\operatorname{sn}(u, \kappa)$ と書くこともある.例えば,$\kappa = 0$ ならば
$$\int_0^x \frac{dx}{\sqrt{1-x^2}} = \sin^{-1} x$$
だから,$\operatorname{sn}(u, 0) = \sin u$ である.つまり $\operatorname{sn} u$ は正弦関数の一般化である.$\operatorname{sn} u$ を用いて,余弦関数と類似の関数 $\operatorname{cn} u, \operatorname{dn} u$ を
$$\operatorname{cn} u = \operatorname{cn}(u, \kappa) = \sqrt{1 - \operatorname{sn}^2 u}, \quad \operatorname{dn} u = \operatorname{dn}(u, \kappa) = \sqrt{1 - \kappa^2 \operatorname{sn}^2 u}$$
によって定める.ただし,3角関数に習って $(\operatorname{sn} u)^m$ を $\operatorname{sn}^m u$ と書いた.これら3つの関数 $\operatorname{sn} u, \operatorname{cn} u, \operatorname{dn} u$ を総称して**ヤコビの楕円関数**と呼ぶ.

実は κ としては複素数も許し,u を定める積分は第1種楕円積分と呼ばれる複素積分である.κ を**母数**(モジュラス)と呼ぶ.これに対して
$$\kappa^2 + (\kappa')^2 = 1$$
となるような複素数 κ' を**補母数**という.以下では専ら $\kappa^2 \neq 0, 1$ とする.
$$K = \int_0^1 \frac{dx}{\sqrt{(1-x^2)(1-\kappa^2 x^2)}}, \quad K' = \int_0^1 \frac{dx}{\sqrt{(1-x^2)(1-(\kappa')^2 x^2)}}$$
とおくとき,

$$\mathrm{sn}(u+4K) = \mathrm{sn}\,u, \quad \mathrm{sn}(u+2\sqrt{-1}K') = \mathrm{sn}\,u$$

が成立し，$\mathrm{sn}\,u$ は $\omega = 4K, \omega' = 2\sqrt{-1}K'$ を基本周期とする 2 重周期（複素）関数である[*1]．

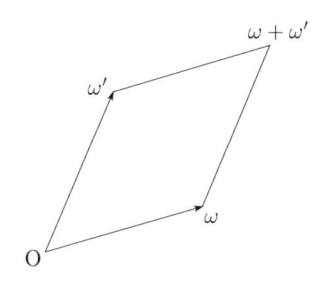

図 9.2 基本周期

3 角関数の加法定理をヤコビの楕円関数に拡張することができる．

命題 9.1. 次が成り立つ．
$$\mathrm{sn}(u+v) = \frac{\mathrm{sn}\,u\,\mathrm{cn}\,v\,\mathrm{dn}\,v + \mathrm{sn}\,v\,\mathrm{cn}\,u\,\mathrm{dn}\,u}{1 - \kappa^2\,\mathrm{sn}^2 u\,\mathrm{sn}^2 v},$$
$$\mathrm{cn}(u+v) = \frac{\mathrm{cn}\,u\,\mathrm{cn}\,v - \mathrm{sn}\,u\,\mathrm{dn}\,u\,\mathrm{sn}\,v\,\mathrm{dn}\,v}{1 - \kappa^2\,\mathrm{sn}^2 u\,\mathrm{sn}^2 v},$$
$$\mathrm{dn}(u+v) = \frac{\mathrm{dn}\,u\,\mathrm{dn}\,v - \kappa^2\,\mathrm{sn}\,u\,\mathrm{cn}\,u\,\mathrm{sn}\,v\,\mathrm{cn}\,v}{1 - \kappa^2\,\mathrm{sn}^2 u\,\mathrm{sn}^2 v}.$$

加法定理を繰り返し適用すれば，3 角関数の n 倍角公式に相当する公式が得られる．これを楕円関数の n 倍公式という．詳細は省略せざるを得ないが，n が奇数の場合には

$$\mathrm{sn}\,nu = \frac{xA_n(x^2)}{D_n(x^2)},\ \mathrm{cn}\,nu = \frac{yB_n(x^2)}{D_n(x^2)},\ \mathrm{dn}\,nu = \frac{zC_n(x^2)}{D_n(x^2)}$$

となるような次数 $(n^2-1)/2$ の（有理数と κ^2 の有理式を係数とする）1 変数多項式 A_n, B_n, C_n, D_n が存在する．ただし $x = \mathrm{sn}\,u, y = \mathrm{cn}\,u, z = \mathrm{dn}\,u$ である．

[*1] 図 9.2 の平行 4 辺形において，対辺を同一視すればトーラス（ドーナツの表面）が得られる．楕円関数はこのトーラス上で考えるのが自然である．

9.2 ヤコビの変換原理

ヤコビは，加法定理を経由しないで n 倍公式を見つける方法を考えた．それを $n = 5$ の場合に紹介しよう[*2]．

x の多項式は，x の奇数べきの項を含まないとき偶多項式，偶数べきの項を含まないとき奇多項式という．

> **定理 9.2** (ヤコビの変換原理)．　正の奇数 n と定数 κ に対して，$y = U(x)/V(x)$ とおくときに
> $$\frac{dy}{\sqrt{(1-y^2)(1-\lambda^2 y^2)}} = \frac{dx}{M\sqrt{(1-x^2)(1-\kappa^2 x^2)}}$$
> が成立するような，定数 λ, M および n 次奇多項式 $U(x)$ と $n-1$ 次偶多項式 $V(x)$ が存在する．

どのように $U(x), V(x)$ をとればよいかを説明する．n は奇数なので $n = 2m+1$ となる整数 m がある．n 次奇多項式 $U(x)$ と $n-1$ 次偶多項式 $V(x)$ を

$$U(x) = x(a_0 + a_1 x^2 + \cdots + a_m x^{2m})$$
$$V(x) = 1 + b_1 x^2 + \cdots + b_m x^{2m}$$

とおく．これらの係数の間に

$$a_i = c b_{m-i}/\kappa^{2(m-i)} \quad (i = 0, 1, \ldots, m; b_0 = 1)$$

という関係があるとすると

$$c x^{2m+1} V\left(\frac{1}{\kappa x}\right) = U(x) \tag{9.1}$$

が成り立ち，逆も正しい．このとき，$c' = \kappa^{2m+1}/c$ とおけば

[*2] 笠原乾吉「モジュラー方程式とエルミートの 5 次方程式の解法（上）（下）」現代数学史のひとこま，数学セミナー 7 月号，8 月号，1987．

$$c'x^{2m+1}U\left(\frac{1}{\kappa x}\right) = V(x) \tag{9.2}$$

も成り立つ.

ここで

$$V(x) + U(x) = (1+x)P(x)^2 \tag{9.3}$$

をみたす m 次多項式 $P(x)$ があったとする. $V(x)$ は偶多項式, $U(x)$ は奇多項式なので, 上の式の x に $-x$ を代入し, $Q(x) = P(-x)$ とおけば

$$V(x) - U(x) = (1-x)P(-x)^2 = (1-x)Q(x)^2 \tag{9.4}$$

となる. また, (9.3) の x に $1/\kappa x$ を代入し, 両辺に $c'x^{2m+1}$ を掛けると

$$c'x^{2m+1}V(1/\kappa x) + c'x^{2m+1}U(1/\kappa x) = c'x^{2m+1}(1+1/\kappa x)P(1/\kappa x)^2$$

となる. (9.1) と (9.2) より, $\lambda = c'/c$, $R(x) = \sqrt{c'/\kappa}x^m P(1/\kappa x)$ とおけば

$$V(x) + \lambda U(x) = (1+\kappa x)\frac{c'}{\kappa}\left(x^m P\left(\frac{1}{\kappa x}\right)\right)^2 = (1+\kappa x)R(x)^2$$

となる. この式の x に $-x$ を代入し, $S(x) = R(-x)$ とおくと

$$V(x) - \lambda U(x) = (1-\kappa x)\frac{c'}{\kappa}\left(x^m P\left(\frac{-1}{\kappa x}\right)\right)^2 = (1-\kappa x)S(x)^2$$

となる. これらより

$$\sqrt{(V(x)^2 - U(x)^2)(V(x)^2 - \lambda^2 U(x))}$$
$$= \sqrt{(1-x^2)(1-\kappa^2 x^2)} \cdot P(x)Q(x)R(x)S(x)$$

が得られる.

さて, $y = U(x)/V(x)$ とおけば

$$\frac{dy}{\sqrt{(1-y^2)(1-\lambda^2 y^2)}}$$
$$= \frac{VU' - V'U}{\sqrt{(V(x)^2 - U(x)^2)(V(x)^2 - \lambda^2 U(x))}}dx$$

$$= \frac{VU' - V'U}{P(x)Q(x)R(x)S(x)} \cdot \frac{dx}{\sqrt{(1-x^2)(1-\kappa^2 x^2)}}$$

である．

$V + U$ が $P(x)^2$ で割り切れるからその微分 $(V+U)'$ は $P(x)$ で割り切れる．よって

$$VU' - V'U = (V+U)U' - (V+U)'U$$

より $VU' - V'U$ は $P(x)$ で割り切れる．同様に等式

$$VU' - V'U = (V-U)U' - (V-U)'U,$$
$$VU' - V'U = (V+\lambda U)U' - (V+\lambda U)'U,$$
$$VU' - V'U = (V-\lambda U)U' - (V-\lambda U)'U$$

を用いれば，$VU' - V'U$ は $Q(x), R(x), S(x)$ でも割り切れることがわかる．よって $P(x), Q(x), R(x), S(x)$ が共通根をもたなければ，$VU' - V'U$ は $4m$ 次式 $P(x)Q(x)R(x)S(x)$ で割り切れる．$VU' - V'U$ は高々 $2n - 2 = 4m$ 次だが，ちょうど $4m$ 次であることもこのことからわかる．よって $M = P(x)Q(x)R(x)S(x)/(VU' - V'U)$ は定数であり

$$\frac{dy}{\sqrt{(1-y^2)(1-\lambda^2 y^2)}} = \frac{dx}{M\sqrt{(1-x^2)(1-\kappa^2 x^2)}}$$

が成立する．

上の手順を $n = 5$ の場合に実行する．

$$U(x) = x(a_0 + a_1 x^2 + a_2 x^4),\ V(x) = 1 + b_1 x^2 + b_2 x^4$$

とおいて

$$a_0 = cb_2/\kappa^4,\ a_1 = cb_1/\kappa^2,\ a_2 = c,$$

とする．$c' = \kappa^5/c$, $c'/c = \lambda$ なので，$c = \kappa^2\sqrt{\kappa/\lambda}$ である．$U + V$ の定数項は 1 なので

$$P(x) = 1 + \alpha x + \beta x^2$$

とおける．(9.3) において両辺の係数を比較すれば

$$a_0 = 1 + 2\alpha,\ a_1 = \alpha^2 + 2\alpha\beta + 2\beta,\ a_2 = \beta^2,$$
$$b_1 = \alpha^2 + 2\alpha + 2\beta,\ b_2 = 2\alpha\beta + \beta^2$$

が得られる．ここで

$$u = \sqrt[4]{\kappa},\ v = \sqrt[4]{\lambda}$$

とおいて，すべてを u と v で表す．

$$a_2 = c = \kappa^2 \sqrt{\frac{\kappa}{\lambda}} = \frac{u^{10}}{v^2}$$

これと $a_2 = \beta^2$ より $\beta = u^5/v$ である．

$$2\alpha + 1 = a_0 = cb_2/\kappa^4 = \frac{1}{u^6 v^2}(2\alpha \frac{u^5}{v} + \frac{u^{10}}{v^2})$$

より

$$\alpha = \frac{u(v^4 - u^4)}{2v(1 - uv^3)},\ a_0 = \frac{v - u^5}{v(1 - uv^3)},\ b_2 = \frac{u^6 v(v - u^5)}{1 - uv^3}$$

となる．$a_1 = \alpha^2 + 2\alpha\beta + 2\beta,\ b_1 = \alpha^2 + 2\alpha + 2\beta$ より

$$a_1 = \frac{u^2(v^8 + 4u^5 v^7 - 14u^4 v^4 + 4u^9 v^3 + 8u^3 v - 3u^8)}{4v^2(1 - uv^3)^2}$$
$$b_1 = \frac{-3u^2 v^8 + 8u^7 v^7 + 4uv^5 - 14u^6 v^4 + 4u^5 v + u^{10}}{4v^2(1 - uv^3)^2}$$

が得られる．$v^2 = u^2$ ならば $\alpha = 0$ となるので，$y = U(x)/V(x) = x$ である．よって $v^2 \neq u^2$ としてよい．このとき関係式 $a_1 = cb_1/\kappa^2$ より (レベル5の) **モジュラー方程式**

$$F(u, v) = u^6 - v^6 + 5u^2 v^2 (u^2 - v^2) - 4uv(u^4 v^4 - 1) = 0 \tag{9.5}$$

が得られる．また，

$$M = \frac{1}{a_0} = \frac{v(1 - uv^3)}{v - u^5}$$

である．

$U(x), V(x)$ は u, v の有理式を係数とする x の多項式なので

$$y = \frac{U(x)}{V(x)} = \varphi(x, u, v)$$

と書ける．組 (u, v) がモジュラー方程式 (9.5) を満たせば，組 $(-v, u)$ もみたす．すなわち

$$F(u, v) = 0 \quad \text{ならば} \quad F(-v, u) = 0 \tag{9.6}$$

である．よって $z = \varphi(y, -v, u)$ とおけば

$$\frac{dz}{\sqrt{(1-z^2)(1-\kappa^2 z^2)}} = \frac{u - (-v)^5}{u(1-(-v)u^3)} \frac{dy}{\sqrt{(1-y^2)(1-\lambda^2 y^2)}}$$
$$= \frac{u + v^5}{u(1+vu^3)} \frac{v - u^5}{v(1-uv^3)} \frac{dx}{\sqrt{(1-x^2)(1-\kappa^2 x^2)}}$$

となる．他方，モジュラー方程式より

$$\frac{v^6 - u^6 + uv(1 - u^4 v^4)}{uv(1 - u^4 v^4) - u^2 v^2 (v^2 - u^2)} = 5$$

がわかるから，結局

$$\frac{dz}{\sqrt{(1-z^2)(1-\kappa^2 z^2)}} = \frac{5\, dx}{\sqrt{(1-x^2)(1-\kappa^2 x^2)}}$$

が得られた．$x = 0$ のとき $z = 0$ となる．よって，$x = \operatorname{sn} t$ ならば $z = \operatorname{sn} 5t$ だから，

$$\operatorname{sn} 5t = \Psi(\operatorname{sn} t) := \varphi(\varphi(\operatorname{sn} t, u, v), -v, u)$$

が成立し，これは 5 倍公式に他ならない．

9.3　テータ関数

　ヤコビの楕円関数はテータ関数を使って表示でき，実際の計算はそれに基づいて行われることが多い．本節ではテータ関数を手短に紹介する．詳しくは [7], [3] を見よ．

　指数関数が頻繁に登場するので

$$\mathbf{e}(x) := e^{2\pi \sqrt{-1} x}$$

とおく．指数法則より $\mathbf{e}(x+y) = \mathbf{e}(x)\mathbf{e}(y)$ であり，整数 n に対しては $\mathbf{e}(n) = 1$ が成り立つ．

複素平面 $\mathbb{C}$ の部分集合 $\mathbb{H} = \{\tau \in \mathbb{C} \mid \operatorname{Im} \tau > 0\}$ を上半平面と呼ぶ．$(z, \tau) \in \mathbb{C} \times \mathbb{H}$ の級数

$$\theta(z, \tau) = \sum_{n \in \mathbb{Z}} \mathbf{e}\left(\frac{1}{2}n^2\tau + nz\right)$$

は，$\mathbb{C} \times \mathbb{H}$ 上で広義一様に絶対収束して正則関数を定める．これをテータ関数と呼ぶ．

$$\theta(-z, \tau) = \sum_{n \in \mathbb{Z}} \mathbf{e}\left(\frac{1}{2}n^2\tau - nz\right) = \sum_{n \in \mathbb{Z}} \mathbf{e}\left(\frac{1}{2}(-n)^2\tau + (-n)z\right) = \theta(z, \tau)$$

より，$\theta(z, \tau)$ は z の関数として偶関数である．また，

$$\theta(z+1, \tau) = \sum_{n \in \mathbb{Z}} \mathbf{e}\left(\frac{1}{2}n^2 + n(z+1)\right)$$
$$= \sum_{n \in \mathbb{Z}} \mathbf{e}\left(\frac{1}{2}n^2\tau + nz\right)\mathbf{e}(n) = \theta(z, \tau)$$

より，$\theta(z, \tau)$ は z の関数として周期 1 の周期関数であることがわかる．さらに，

$$\theta(z+\tau, \tau) = \sum_{n \in \mathbb{Z}} \mathbf{e}\left(\frac{1}{2}n^2\tau + n(z+\tau)\right)$$
$$= \sum_{n \in \mathbb{Z}} \mathbf{e}\left(\frac{1}{2}(n+1)^2\tau + (n+1)z - \frac{1}{2}\tau - z\right)$$
$$= \mathbf{e}\left(-\frac{1}{2}\tau - z\right) \sum_{n \in \mathbb{Z}} \mathbf{e}\left(\frac{1}{2}(n+1)^2\tau + (n+1)z\right)$$
$$= \mathbf{e}\left(-\frac{1}{2}\tau - z\right) \theta(z, \tau)$$

だから，整数 m, n に対して

$$\theta(z + m\tau + n, \tau) = \mathbf{e}\left(-\frac{1}{2}m^2\tau - mz\right)\theta(z, \tau) \tag{9.7}$$

が成り立つことが帰納法によって容易に示される．

さて，2つの実数 a, b に対して，指標 a, b のテータ函数を

$$\theta_{a,b}(z, \tau) := \mathbf{e}\left(\frac{1}{2}a^2\tau + a(z+b)\right)\theta(z + a\tau + b, \tau)$$
$$= \sum_{n \in \mathbb{Z}} \mathbf{e}\left(\frac{1}{2}(n+a)^2\tau + (n+a)(z+b)\right)$$

で定めれば，定義と (9.7) より $(z, \tau) \in \mathbb{C} \times \mathbb{H}, a, a', b, b' \in \mathbb{R}, m, n \in \mathbb{Z}$ に対して

$$\begin{cases} \theta_{0,0}(z, \tau) = \theta(z, \tau), \\ \theta_{a,b+b'}(z, \tau) = \theta_{a,b}(z + b', \tau), \\ \theta_{a+a',b}(z, \tau) = \mathbf{e}\left(\frac{1}{2}(a')^2\tau + a'(z+b)\right)\theta_{a,b}(z + a'\tau, \tau), \\ \theta_{a+m,b+n}(z, \tau) = \mathbf{e}(am)\theta_{a,b}(z, \tau) \end{cases}$$

が成り立つ．以下では伝統に従って

$$\theta_{00}(z, \tau) := \theta_{0,0}(z, \tau), \quad \theta_{01}(z, \tau) := \theta_{0,\frac{1}{2}}(z, \tau),$$
$$\theta_{10}(z, \tau) := \theta_{\frac{1}{2},0}(z, \tau), \quad \theta_{11}(z, \tau) := \theta_{\frac{1}{2},\frac{1}{2}}(z, \tau)$$

とおくことにする．すなわち

$$\theta_{00}(z, \tau) = \theta(z, \tau)$$
$$\theta_{01}(z, \tau) = \theta\left(z + \frac{1}{2}, \tau\right)$$
$$\theta_{10}(z, \tau) = \mathbf{e}\left(\frac{1}{8}\tau + \frac{1}{2}z\right)\theta\left(z + \frac{1}{2}\tau, \tau\right)$$
$$\theta_{11}(z, \tau) = \mathbf{e}\left(\frac{1}{8}\tau + \frac{1}{2}\left(z + \frac{1}{2}\right)\right)\theta\left(z + \frac{1}{2}\tau + \frac{1}{2}, \tau\right)$$

である．

すでに見たように $\theta_{00}(z, \tau)$ は z の偶関数である．$\theta(z, \tau)$ が周期 1 の偶関数であることから，$\theta_{01}(z, \tau)$ と $\theta_{10}(z, \tau)$ は z の偶関数であることがわかる．また，$\theta_{11}(z, \tau)$ は z の奇関数である．

9.4 5次方程式を解く

エルミートの論文

C. Hermite, Considérations sur la résolution algébrique de l'équations du cinquième degré, C. R. Acad. Sci. Paris **46** (1859), 508–515
に従って，5次方程式の解法を示す．

まず，ヤコビの楕円関数をテータ関数で表示する．$\mathrm{sn}(x, \kappa)$ の基本周期を $\omega = 4K$, $\omega' = 2\sqrt{-1}K'$ とし

$$\tau = 2\omega'/\omega = \sqrt{-1}K'/K$$

とおくと，τ の虚部は正だと仮定してよい．$\tau \in \mathbb{H}$ なので，テータ関数 $\theta(z, \tau)$ を考えることができる．このとき母数 κ と補母数 κ' は

$$\kappa = \frac{\theta_{10}(0,\tau)^2}{\theta_{00}(0,\tau)^2}, \quad \kappa' = \frac{\theta_{01}(0,\tau)^2}{\theta_{00}(0,\tau)^2} \tag{9.8}$$

で与えられ，$x = \pi \theta_{00}(0, \tau)^2 z$ とおけば等式

$$\mathrm{sn}(x, \kappa) = -\frac{\theta_{00}(0,\tau)}{\theta_{10}(0,\tau)} \frac{\theta_{11}(z,\tau)}{\theta_{01}(z,\tau)}, \; \mathrm{cn}(x, \kappa) = \frac{\theta_{01}(0,\tau)}{\theta_{10}(0,\tau)} \frac{\theta_{10}(z,\tau)}{\theta_{01}(z,\tau)},$$

$$\mathrm{dn}(x, \kappa) = \frac{\theta_{01}(0,\tau)}{\theta_{00}(0,\tau)} \frac{\theta_{00}(z,\tau)}{\theta_{01}(z,\tau)}$$

が成立する．また，

$$K = \frac{\pi}{2} \theta_{00}(0,\tau)^2, \quad K' = -\sqrt{-1}\frac{\pi}{2}\theta_{00}(0,\tau)^2 \tau$$

であることもわかる．逆にテータ関数を先に与えれば，上の式でヤコビの楕円関数を定義することができる．こう考えれば，母数 κ は $\tau \in \mathbb{H}$ の関数である．その意味で補母数は $\kappa'(\tau) = \kappa(\frac{-1}{\tau})$ となる．以上については例えば[7]を見よ．

モジュラー方程式 (9.5) との関連では母数の 4 乗根が重要であった．これも τ の関数とみなし

$$\sqrt[4]{\kappa} = \varphi(\tau), \quad \sqrt[4]{\kappa'} = \psi(\tau)$$

とおく． $q = e^{\sqrt{-1}\pi\tau}$ で無限積表示すれば

$$\varphi(\tau) = \sqrt{2}q^{1/8} \prod \frac{1+q^{2n}}{1+q^{2n-1}} = \sqrt{2}q^{1/8} \frac{(1+q^2)(1+q^4)(1+q^6)\cdots}{(1+q)(1+q^3)(1+q^5)\cdots}$$

$$\psi(\tau) = \prod \frac{1-q^{2n-1}}{1+q^{2n-1}} = \frac{(1-q)(1-q^3)(1-q^5)\cdots}{(1+q)(1+q^3)(1+q^5)\cdots}$$

となる． $\kappa^2 + (\kappa')^2 = 1$ より $\varphi(\tau)^8 + \psi(\tau)^8 = 1$ であるが，さらに

$$\begin{cases} \varphi\left(\dfrac{-1}{\tau}\right) = \psi(\tau), \\ \varphi(\tau+1) = e^{\sqrt{-1}\pi/8}\dfrac{\varphi(\tau)}{\psi(\tau)}, \\ \psi(\tau+1) = \dfrac{1}{\psi(\tau)} \end{cases}$$

が成り立つ．特に

$$\varphi(\tau+2) = e^{\sqrt{-1}\pi/8}\frac{\varphi(\tau+1)}{\psi(\tau+1)} = e^{\sqrt{-1}\pi/4}\frac{\varphi(\tau)}{\psi(\tau)}\cdot\psi(\tau) = e^{\sqrt{-1}\pi/4}\varphi(\tau)$$

がわかるので

$$\varphi(\tau+16) = \varphi(\tau) \tag{9.9}$$

である．詳細は[3]に譲るが，実はモジュラー方程式 (9.5) は $u = \varphi(\tau)$ と $v = \varphi(5\tau)$ の間の関係式であり， $F(\varphi(\tau), \varphi(5\tau)) = 0$ が成立する．よって性質 (9.6) より $F(-\varphi(5\tau), \varphi(\tau)) = 0$ である．また， $\varphi(\tau)$ と $\varphi(5\tau)$ ではなく $\varphi(\tau/5)$ と $\varphi(\tau)$ の関係式だとみなせば $F(\varphi(\tau/5), \varphi(\tau)) = 0$ となる．これと (9.9) より， 6 次方程式 $F(X, \varphi(\tau)) = 0$ の根は，

$$v_0 = -\varphi(5\tau),\ v_i = \varphi\left(\frac{\tau+16(i-1)}{5}\right) \quad (i = 1,\ldots,5)$$

であることがわかる．

エルミートは， $v_0, v_1, \ldots, v_5$ を用いて

$$r_0(\tau) = (v_0 - v_1)(v_2 - v_5)(v_3 - v_4)\varphi(\tau)$$
$$r_1(\tau) = (v_0 - v_2)(v_3 - v_1)(v_4 - v_5)\varphi(\tau)$$

$$r_2(\tau) = (v_0 - v_3)(v_4 - v_2)(v_5 - v_1)\varphi(\tau)$$
$$r_3(\tau) = (v_0 - v_4)(v_5 - v_3)(v_1 - v_2)\varphi(\tau)$$
$$r_4(\tau) = (v_0 - v_5)(v_1 - v_4)(v_2 - v_3)\varphi(\tau)$$

とおき，これらの基本対称式が $\varphi(\tau) = \sqrt[4]{\kappa}$ で表示できることを示した．実際に，これらを根とする 5 次方程式は

$$Y^5 - 2^4 \cdot 5^3 \kappa^2 (1-\kappa^2)^2 Y - 2^6 \cdot 5^{5/2} \kappa^2 (1-\kappa^2)^2 (1+\kappa^2) = 0$$

である．ここで

$$Y = 2\sqrt[4]{5^3}\sqrt{\kappa(1-\kappa^2)}X$$

と置き換えれば，上の方程式はブリング・ジェラードの標準形

$$X^5 - X - \frac{2(1+\kappa^2)}{\sqrt[4]{5^5}\sqrt{\kappa(1-\kappa^2)}} = 0$$

となる．また，

$$A = \frac{1+\kappa^2}{\sqrt{\kappa(1-\kappa^2)}}$$

とおけば，関係式

$$\kappa^4 + A^2\kappa^3 + 2\kappa^2 - A^2\kappa + 1 = 0 \tag{9.10}$$

が得られる．

逆に，ブリング・ジェラードの標準形で与えられた 5 次方程式

$$X^5 - X - a = 0$$

を解くには次のようにすればよい．まず

$$A = \frac{\sqrt[4]{5^5}}{2}a$$

とおいて，4 次方程式 (9.10) を解く．エルミートは $\sin\alpha = 4/A^2$ とおくとき，この 4 次方程式の根が

$$\tan\frac{\alpha}{4},\ \tan\frac{\alpha+2\pi}{4},\ \tan\frac{\pi-\alpha}{4},\ \tan\frac{3\pi-\alpha}{4}$$

で与えられることも示している．これで母数 κ が決まるから，楕円積分を計算して基本周期 $4K, 2\sqrt{-1}K'$ を求めることができる．次に $\tau = \sqrt{-1}K'/K$ とおいて，$\sqrt[4]{\kappa} = \varphi(\tau)$ と表示する．さらに関数 $r_i(\tau)$ を先のように定める．こうすれば

$$X_i = \frac{r_i(\tau)}{2\sqrt[4]{5^3}\sqrt{\kappa(1-\kappa^2)}} \quad (i = 0, 1, 2, 3, 4)$$

が求める根である．

付録A
複素数

複素数に関する基本事項をまとめる.

2次方程式 $X^2 = -1$ の根の1つを $\sqrt{-1}$ で表す. 実数 a, b に対し $a + b\sqrt{-1}$ の形に表される数を**複素数**という. 複素数全体のなす集合を $\mathbb{C}$ で表す.

加減乗除　複素数 $a + b\sqrt{-1}$ と $c + d\sqrt{-1}$ は, $a = c$ かつ $b = d$ であるときに限って等しいものとする. もちろん a, b, c, d は実数である. $0 + 0\sqrt{-1}$ を単に 0 と書く. 和, 差, 積, 商を次で定める.

和　$(a + b\sqrt{-1}) + (c + d\sqrt{-1}) = (a + c) + (b + d)\sqrt{-1}$

差　$(a + b\sqrt{-1}) - (c + d\sqrt{-1}) = (a - c) + (b - d)\sqrt{-1}$

積　$(a + b\sqrt{-1}) \cdot (c + d\sqrt{-1}) = (ac - bd) + (ad + bc)\sqrt{-1}$

商　$\dfrac{a + b\sqrt{-1}}{c + d\sqrt{-1}} = \dfrac{ac + bd}{c^2 + d^2} + \dfrac{bc - ad}{c^2 + d^2}\sqrt{-1} \quad (c + d\sqrt{-1} \neq 0)$

このとき分配法則が成り立つことが確認できる.

共役複素数と絶対値　複素数 $z = a + b\sqrt{-1}$ に対して複素数 $a - b\sqrt{-1}$ を $\bar{z}$ で表し z の**共役複素数**という. また a を z の**実部**, b を z の**虚部**といい, それぞれ $\mathrm{Re}\, z, \mathrm{Im}\, z$ と書く. $\mathrm{Re}\, \bar{z} = \mathrm{Re}\, z$ であり, $\mathrm{Im}\, \bar{z} = -\mathrm{Im}\, z$ である. 2つの複素数 z_1 と z_2 に対して

$$\overline{z_1 + z_2} = \bar{z}_1 + \bar{z}_2, \quad \overline{z_1 z_2} = \bar{z}_1 \bar{z}_2$$

が成り立つ. 複素数 $z = a + b\sqrt{-1}$ について $z\bar{z} = a^2 + b^2 \geq 0$ だから, その平方根 $\sqrt{z\bar{z}}$ を $|z|$ で表し, z の**絶対値**と呼ぶ. 2つの複素数 z_1, z_2 に対して

$$|z_1 \cdot z_2| = |z_1| \cdot |z_2|, \quad \left|\dfrac{z_1}{z_2}\right| = \dfrac{|z_1|}{|z_2|}$$

が成立する.

複素平面　複素数 $z = a + b\sqrt{-1}$ に xy 平面上の点 (a, b) を対応させると 1 対 1 の対応が得られる. よって平面上の点が複素数を表していると考える

ことができる．このように考えた平面を**複素平面**と呼び，x 軸を**実軸**，y 軸を**虚軸**という．z とその共役複素数 $\bar{z}$ は実軸に関して対称な位置にあり，$|z|$ は 2 点 $0, z$ の距離に他ならない．

0 でない複素数 z に対して原点と z を結ぶ線分と実軸のなす角を θ ($0 \leq \theta < 2\pi$) とすれば，$z = |z|(\cos\theta + \sqrt{-1}\sin\theta)$ となる．この z の表示を**極形式**という．また θ (あるいは $\theta + 2n\pi$ (n は整数)) を z の**偏角**と呼び $\arg z$ と書く．2 つの複素数 z_1, z_2 に対して

$$\arg(z_1 \cdot z_2) = \arg z_1 + \arg z_2, \quad \arg\left(\frac{z_1}{z_2}\right) = \arg z_1 - \arg z_2$$

が成立する．一般に $0, z_1, z_2, z_1 + z_2$ は平行 4 辺形の 4 頂点をなす．3 角形の 2 辺の和は他の 1 辺より長いので，不等式

$$|z_1 + z_2| \leq |z_1| + |z_2|$$

が成立する．これを 3 角不等式と呼ぶ．

オイラーの公式 指数関数のべき級数展開

$$e^z = 1 + z + \frac{1}{2!}z^2 + \frac{1}{3!}z^3 + \cdots + \frac{1}{k!}z^k + \cdots$$

において $z = \sqrt{-1}\theta$ とすれば，**オイラーの公式**

$$\begin{aligned}
e^{\sqrt{-1}\theta} &= 1 + \sqrt{-1}\theta + \cdots + \frac{(-1)^k}{2k!}\theta^{2k} + \sqrt{-1}\frac{(-1)^k}{(2k+1)!}\theta^{2k+1} + \cdots \\
&= \sum_{k=0}^{\infty}\frac{(-1)^k}{2k!}\theta^{2k} + \sqrt{-1}\sum_{k=0}^{\infty}\frac{(-1)^k}{(2k+1)!}\theta^{2k+1} \\
&= \cos\theta + \sqrt{-1}\sin\theta
\end{aligned}$$

が得られる．これを使えば $z = |z|e^{\sqrt{-1}\arg z}$ と書ける．また，指数法則より $(e^{\sqrt{-1}\theta})^n = e^{\sqrt{-1}n\theta}$ なので，オイラーの公式から**ド・モワブルの公式**

$$(\cos\theta + \sqrt{-1}\sin\theta)^n = \cos n\theta + \sqrt{-1}\sin n\theta$$

が従う．

1のべき根 n 次方程式 $X^n = 1$ の根を 1 の n 乗根という. とくに $\zeta^n = 1$ だが, n より小さいどんな自然数 r に対しても $\zeta^r \neq 1$ のとき, ζ は 1 の**原始 n 乗根**であるという. このとき, n と互いに素な自然数 k をとれば, ζ^k も 1 の原始 n 乗根である. 1 の原始 n 乗根 ζ に対して $\{1 = \zeta^0, \zeta, \zeta^2, \ldots, \zeta^{n-1}\}$ は 1 の n 乗根全体の集合である.

複素数

$$\zeta = \cos\frac{2\pi}{n} + \sqrt{-1}\sin\frac{2\pi}{n}$$

1 の 5 乗根

は, 1 の原始 n 乗根である. 実際, ド・モワブルの公式より $\zeta^r = \cos\frac{2\pi r}{n} + \sqrt{-1}\sin\frac{2\pi r}{n}$ なので $1 \leq r < n$ ならば $\zeta^r \neq 1$ であり, 他方 $\zeta^n = 1$ である. 1 の n 乗根全体 $\{1, \zeta, \zeta^2, \ldots, \zeta^{n-1}\}$ を複素平面にプロットすれば, 単位円に内接する正 n 角形の頂点のなす集合であることがわかる.

付録 B

問題略解

粘土板 BM13901, no.6 正方形の 1 辺の長さは 1/2 である.

粘土板 YBC6967 長辺の長さは 12, 短辺の長さは 5 である.

問題 2.4 $5^{2n} + 1 = (5^n + 2)(5^n - 2) + 5, 5^n - 2 = (5^{n-1} - 1) \times 5 + 3,$
$5 = 1 \times 3 + 2, 3 = 1 \times 2 + 1.$ 以上より最大公約数は 1 である.

問題 2.8 $k = 3, \ell = -2$

問題 3.4 一般に, $X^3 + a_1 X^2 + a_2 X + a_3 = 0$ は

$$\left(X + \frac{a_1}{3}\right)^3 + \frac{3a_2 - a_1^2}{3}\left(X + \frac{a_1}{3}\right) + a_3 + \frac{2}{27}a_1^3 - \frac{1}{3}a_1 a_2 = 0$$

となる.

問題 3.6 (1) $\sqrt[3]{4} - \sqrt[3]{2}$,

(2) $\sqrt[3]{2 + 11\sqrt{-1}} + \sqrt[3]{2 - 11\sqrt{-1}} = (2 + \sqrt{-1}) + (2 - \sqrt{-1}) = 4,$

(3) $\sqrt[3]{2 + \sqrt{5}} + \sqrt[3]{2 - \sqrt{5}} = 1.$

問題 3.7 (1) $X = -2, -1, 3,$ (2) $X = -4, 2 \pm \sqrt{2},$

(3) $X = 5/2, (-5 \pm \sqrt{41})/4.$

問題 3.8 3 次方程式 $X^3 + pX + q = 0$ において $p > 0$ かつ $(q/2)^2 + (p/3)^3 > 0$ とする. $a = \sqrt{4p/3}$ とし, $q = -(a^3 \sinh 3u)/4$ となる u をとる. 実際,

$$\sinh 3u = -4\sqrt{\frac{27q^2}{64p^3}}$$

なので, これをみたす u は確かに存在する. すると与えられた方程式は

$$X^3 + \frac{3}{4}a^2 X - \frac{a^3}{4}\sinh 3u = 0$$

となるから

$$\sqrt{\frac{4p}{3}}\sinh u, \quad \sqrt{\frac{p}{3}}(-\sinh u \pm \sqrt{-3}\cosh u)$$

が根である．

問題 4.3 (1) $-1, -1, 1+\sqrt{-2}, 1-\sqrt{-2}$．

(2) $\dfrac{\sqrt{2}}{2}+\left(1+\dfrac{\sqrt{2}}{2}\right)\sqrt{-1}, \dfrac{\sqrt{2}}{2}-\left(1+\dfrac{\sqrt{2}}{2}\right)\sqrt{-1},$
$-\dfrac{\sqrt{2}}{2}+\left(1-\dfrac{\sqrt{2}}{2}\right)\sqrt{-1}, -\dfrac{\sqrt{2}}{2}-\left(1-\dfrac{\sqrt{2}}{2}\right)\sqrt{-1}$．

(3) $\pm\sqrt{-1}, -2\pm\sqrt{-3}$．

問題 4.8 3次方程式 $f(X)=X^3+pX+q=0$ に対して，これを固有方程式とする3次巡回行列を求める．$\varphi(t)=c_0+c_1t+c_2t^2$ とおく．

$$\det(XI_3-\varphi(W))$$
$$=\begin{vmatrix} X-c_0 & -c_1 & -c_2 \\ -c_2 & X-c_0 & -c_1 \\ -c_1 & -c_2 & X-c_0 \end{vmatrix}$$
$$=(X-c_0)^3-c_1^3-c_2^3-3c_1c_2(X-c_0)$$
$$=X^3-3c_0X^2+3(c_0^2-c_1c_2)X+c_0^3-c_1^3-c_2^3+3c_0c_1c_2$$

なので，係数を比較して $c_0=0, c_1c_2=-p/3, c_1^3+c_2^3=-q$ を得る．このとき

$$c_1^3+c_2^3=-q, \quad c_1^3c_2^3=-p^3/27$$

だから，c_1^3 と c_2^3 は2次方程式

$$Y^2+qY-\left(\frac{p}{3}\right)^3=0$$

の根である．これを解いて

$$c_1^3, c_2^3 = \frac{-q}{2}\pm\sqrt{\left(\frac{q}{2}\right)^2+\left(\frac{p}{3}\right)^3}$$

よって

$$c_1 = \sqrt[3]{-\frac{q}{2} + \sqrt{\left(\frac{q}{2}\right)^2 + \left(\frac{p}{3}\right)^3}}, \quad c_2 = \sqrt[3]{-\frac{q}{2} - \sqrt{\left(\frac{q}{2}\right)^2 + \left(\frac{p}{3}\right)^3}}$$

としてよい. ω を 1 の原始 3 乗根とすれば, $f(X) = 0$ の根は $\varphi(\omega^0)$, $\varphi(\omega)$, $\varphi(\omega^2)$ である. すなわち

$$\varphi(1) = \sqrt[3]{-\frac{q}{2} + \sqrt{\left(\frac{q}{2}\right)^2 + \left(\frac{p}{3}\right)^3}} + \sqrt[3]{-\frac{q}{2} - \sqrt{\left(\frac{q}{2}\right)^2 + \left(\frac{p}{3}\right)^3}}$$

$$\varphi(\omega) = \omega\sqrt[3]{-\frac{q}{2} + \sqrt{\left(\frac{q}{2}\right)^2 + \left(\frac{p}{3}\right)^3}} + \omega^2\sqrt[3]{-\frac{q}{2} - \sqrt{\left(\frac{q}{2}\right)^2 + \left(\frac{p}{3}\right)^3}}$$

$$\varphi(\omega^2) = \omega^2\sqrt[3]{-\frac{q}{2} + \sqrt{\left(\frac{q}{2}\right)^2 + \left(\frac{p}{3}\right)^3}} + \omega\sqrt[3]{-\frac{q}{2} - \sqrt{\left(\frac{q}{2}\right)^2 + \left(\frac{p}{3}\right)^3}}$$

となって, カルダノの公式に他ならない.

参考文献

[1] 木村俊一「天才数学者はこう解いた，こう生きた―方程式四千年の歴史」講談社選書メチエ，2001.

[2] 河野芳文「5次以上の代数方程式は一般に巾根では解けないことの証明」について―高校生を対象としたアーベルの定理の講義―，広島大学附属中・高等学校研究紀要，第49号，2002.

[3] H. McKean and V. Moll, *Elliptic Curves*, Function theory, Geometry, Arithmetic, Cambridge University Press, 1997.

[4] 守屋美賀雄「アーベル，ガロア 群と代数方程式」現代数学の系譜11，共立出版，1975.

[5] 高木貞治「代数学講義」改訂新版，共立出版，1965.

[6] Jean-Pierre Tignol, *Galois' Theory of Algebraic Equations*, World Scientific Publishing Co., 2001.

[7] 梅村浩「楕円関数論」東京大学出版会，2000.

[8] 矢ヶ部巌「数III方式ガロアの理論，アイディアの変遷を追って」現代数学社，1976.

索　　引

あ
アーベル ・・・・・・・・・・・・・・・・・・・・ 97
　　——の補題 ・・・・・・・・・・・・・・・ 104
アルガン ・・・・・・・・・・・・・・・・・・・・ 55
アル・ジャブル ・・・・・・・・・・・・・・ 24
アル・フワーリズミー ・・・・・・・・ 24
アル・ムカーバラ ・・・・・・・・・・・・ 24

い
1 の原始 n 乗根 ・・・・・・・・・・・・・・ 133
1 の原始 3 乗根 ・・・・・・・・・・・・・・・ 32

う
ヴィエト ・・・・・・・・・・・・・・・・・・・・ 36
ウェアリング ・・・・・・・・・・・・・・・・ 73

え
エジプト紐 ・・・・・・・・・・・・・・・・・・・ 1
n 次対称群 ・・・・・・・・・・・・・・・・・・ 77
n 倍公式 ・・・・・・・・・・・・・・・・・・・ 119
エルミート ・・・・・・・・・・・・・・・・・ 107

お
オイラー ・・・・・・・・・・・・・・・・・・・・ 43
　　——の公式 ・・・・・・・・・・・・・・・ 132

か
回転数 ・・・・・・・・・・・・・・・・・・・・・・ 68
開平法 ・・・・・・・・・・・・・・・・・・・・・・・ 7
ガウス ・・・・・・・・・・・・・・・・・・・・・・ 55
角の 3 等分 ・・・・・・・・・・・・・・・・・・ 14

カルダノ ・・・・・・・・・・・・・・・・・・・・ 30
　　——の公式 ・・・・・・・・・・・・・・・・ 30
　　——変換 ・・・・・・・・・・・・・・・・・・ 30
ガロア ・・・・・・・・・・・・・・・・・・・・・ 107
還元できない場合 ・・・・・・・・・・・・ 35

き
記号代数 ・・・・・・・・・・・・・・・・・・・・ 53
奇置換 ・・・・・・・・・・・・・・・・・・・・・・ 79
基本周期 ・・・・・・・・・・・・・・・・・・・ 119
基本対称式 ・・・・・・・・・・・・・・・・・・ 71
逆置換 ・・・・・・・・・・・・・・・・・・・・・・ 76
共役複素数 ・・・・・・・・・・・・・・・・・ 131
極形式 ・・・・・・・・・・・・・・・・・・・・・ 132
虚軸 ・・・・・・・・・・・・・・・・・・・・・・・ 132
虚部 ・・・・・・・・・・・・・・・・・・・・・・・ 131
ギリシャの 3 大作図問題 ・・・・・・ 14

く
偶置換 ・・・・・・・・・・・・・・・・・・・・・・ 79

け
言語代数 ・・・・・・・・・・・・・・・・・・・・ 24

こ
交代群 ・・・・・・・・・・・・・・・・・・・・・・ 79
交代式 ・・・・・・・・・・・・・・・・・・・・・・ 79
恒等置換 ・・・・・・・・・・・・・・・・・・・・ 76
互換 ・・・・・・・・・・・・・・・・・・・・・・・・ 76
根と係数の関係 ・・・・・・・・・ i, 58, 73
根の公式 ・・・・・・・・・・・・・・・ 5, 29, 85

さ
最大公約数 ・・・・・・・・・・・・・・・・・・・・ 17
差積 ・・・・・・・・・・・・・・・・・・・・・・・・・・ 78
3角不等式 ・・・・・・・・・・・・・・・・ 63, 132

し
ジェラード ・・・・・・・・・・・・・・・・・・・ 113
実軸 ・・・・・・・・・・・・・・・・・・・・・・・・・ 132
実部 ・・・・・・・・・・・・・・・・・・・・・・・・・ 131
巡回行列 ・・・・・・・・・・・・・・・・・・ 46, 48
巡回置換 ・・・・・・・・・・・・・・・・・・・・・ 76
上半平面 ・・・・・・・・・・・・・・・・・・・・ 125
剰余の定理 ・・・・・・・・・・・・・・・・・・・ 64
省略代数 ・・・・・・・・・・・・・・・・・・・・・ 52
ジラール ・・・・・・・・・・・・・・・・・・・・・ 66

せ
絶対値 ・・・・・・・・・・・・・・・・・・・・・・ 131

そ
相加平均と相乗平均の関係 ・・・・・・・ 6

た
体 ・・・・・・・・・・・・・・・・・・・・・・・・・・・ 97
対称式 ・・・・・・・・・・・・・・・・・・・・・・・ 73
　　基本―― ・・・・・・・・・・・・・・・・ 71
　　――の基本定理 ・・・・・・・・・・ 73
対称有理式 ・・・・・・・・・・・・・・・・・・・ 83
代数学の基本定理 ・・・・・・・・・・・・・ 63
楕円関数 ・・・・・・・・・・・・・・・・・・・・ 117
楕円積分 ・・・・・・・・・・・・・・・・・・・・ 118
互いに素 ・・・・・・・・・・・・・・・・・・・・・ 17
タルターリャ ・・・・・・・・・・・・・・・・・ 27

ち
置換 ・・・・・・・・・・・・・・・・・・・・・・・・・ 75
　　奇―― ・・・・・・・・・・・・・・・・・・ 79

　　逆―― ・・・・・・・・・・・・・・・・・・ 76
　　偶―― ・・・・・・・・・・・・・・・・・・ 79
　　恒等―― ・・・・・・・・・・・・・・・・ 76
　　巡回―― ・・・・・・・・・・・・・・・・ 76
チルンハウス ・・・・・・・・・・・・・・・・ 110
　　――変換 ・・・・・・・・・・・・・・・ 112

て
テータ関数 ・・・・・・・・・・・・・・・・・・ 124
デカルト ・・・・・・・・・・・・・・・・・・・・・ 42
デル・フェッロ ・・・・・・・・・・・・・・・ 27

と
ド・モアブル ・・・・・・・・・・・・・・・・・ 55
　　――の公式 ・・・・・・・・・・・・・ 132

な
縄張師 ・・・・・・・・・・・・・・・・・・・・・・・・ 1

に
2項定理 ・・・・・・・・・・・・・・・・・・・・・ 30
ニュートン ・・・・・・・・・・・・・・・・・・ 108
　　――の公式 ・・・・・・・・・・・・・ 108

は
判別式 ・・・・・・・・・・・・・・・・・・・・・・・ 80

ひ
ピタゴラス ・・・・・・・・・・・・・・・・・・・ 11

ふ
フィボナッチ ・・・・・・・・・・・・・・・・・ 24
フェラーリ ・・・・・・・・・・・・・・・・・・・ 41
フェルマー ・・・・・・・・・・・・・・・・・・・ 53
複素数 ・・・・・・・・・・・・・・・・・・・・・・・ 35
　　共役―― ・・・・・・・・・・・・・・ 131
複素平面 ・・・・・・・・・・・・・・・・・ 55, 132

ブリング ·················113
ブリング・ジェラードの標準形··115
分解方程式 ··················45

へ
べき根 ···················85
偏角 ····················132

ほ
母数 ····················118
補母数 ···················118
ボンベリ ··················33

も
モジュラー方程式 ············123

や
ヤコビ ···················117
　　——の楕円関数············118
　　——の変換原理············120

ゆ
ユークリッド ················11
　　——の互除法··········17, 20

ら
ラグランジュ ················86

り
リマソン ··················15

る
ルカ・パチオーリ ·············27
ルフィニ ··················94
ルフィニ・アーベルの定理 ······104

れ
レムニスケート ··············117

ろ
60進法 ····················1

著者紹介

今野　一宏（こんの　かずひろ）
　1959年　宮城県北生れ
　1982年　京都大学理学部卒業
　1984年　東北大学大学院理学研究科修士課程修了
　　　　　理学博士
　現　在　関西大学教授
　　　　　大阪大学名誉教授

　著　書：代数曲線束の地誌学（内田老鶴圃）
　　　　　平面代数曲線のはなし（内田老鶴圃）
　　　　　リーマン面と代数曲線（共立出版）

A Dogmatic Introduction to Algebraic Equations

2014年 4 月15日　第 1 版発行
2025年 3 月10日　第 2 版発行

代数方程式のはなし

著　者　今　野　一　宏
発行者　内　田　　　学
印刷者　山　岡　影　光

著者の了解により検印を省略いたします

発行所　株式会社　内田老鶴圃　〒112-0012 東京都文京区大塚3丁目34番3号
　　　　電話 03(3945)6781(代)・FAX 03(3945)6782
http://www.rokakuho.co.jp/
印刷・製本/三美印刷 K.K.

Published by UCHIDA ROKAKUHO PUBLISHING CO., LTD.
3-34-3 Otsuka, Bunkyo-ku, Tokyo, Japan

U. R. No. 604-2

ISBN 978-4-7536-0202-5 C3041　　©2014 今野一宏

代数曲線束の地誌学

今野一宏 著

A5・284頁・定価 5280 円（本体 4800 円＋税 10%）　ISBN978-4-7536-0201-8

第1章　射影代数多様体　射影多様体／正規化と Stein 分解／因子，直線束，可逆層／交点数と数値的同値性／線形系とアンプル因子／Chern 類と Riemann-Roch の定理／Serre 双対定理／Albanese 写像

第2章　代数曲面の双有理幾何学　交点数と算術種数／可約曲線／Hodge 指数定理／ブローアップ／有理写像の分解／Castelnuovo の縮約定理／相対極小モデル

第3章　曲面上の曲線　鎖連結曲線／数値的連結曲線／Koszul コホモロジー／標準環に対する 1-2-3 定理

第4章　安定性と Bogomolov の定理　代数曲線上の局所自由層／Bogomolov の不等式

第5章　代数曲線束のスロープ　数値的不変量／楕円曲面／Arakelov の定理／スロープ不等式／不正則数とスロープ／注意—半安定還元とスロープの下限／ファイバー曲面の世界の白地図

第6章　超楕円曲線束　有限分岐2重被覆／超楕円的対合と分岐跡の特異点／特異点指数とスロープ／符号数の局在化

第7章　非超楕円曲線束　相対 Koszul 複体／Clifford 指数とスロープ／対合付き代数曲線束

付録A　Gorenstein 曲線上の線形系　正規化とコンダクター／線形系と基点／直線束に付随する次数付き環／Castelnuovo の種数上限と Clifford の定理／標準写像と標準環

付録B　藤田の定理　準備／定理 5.15 の証明

平面代数曲線のはなし

今野一宏 著

A5・184頁・定価 2860 円（本体 2600 円＋税 10%）　ISBN978-4-7536-0203-2

第0章　複素射影平面　なぜ複素数なのか／2直線が必ず交わる平面／放物線のかたち

第1章　直線と2次曲線　直線／2次曲線／射影直線と既約2次曲線

第2章　射影平面曲線　さまざまな高次曲線／斉次多項式と射影平面曲線／特異点／変曲点／一次系／ベズーの定理

第3章　3次曲線　標準形／変曲点の個数／群構造／3次曲線のかたち

第4章　楕円関数と楕円曲線　格子と楕円関数／ワイエルシュトラスの $\wp$ 関数／非特異平面3次曲線へ／楕円モジュラー関数

第5章　平面曲線の局所構造　媒介変数表示／既約なベキ級数／平面曲線の局所既約分解

第6章　プリュッカーの公式　平面曲線の特異点とクレモナ変換／爆発と特異点解消／種数／双対曲線／プリュッカーの公式

章末問題の略解

双曲平面上の幾何学
土橋宏康 著
A5・124頁・定価 2750 円（本体 2500 円＋税 10%）
ISBN978-4-7536-0200-1

リーマン面上のハーディ族
荷見守助 著
A5・436頁・定価 5830 円（本体 5300 円＋税 10%）
ISBN978-4-7536-0090-8

代数学　第1巻　改訂新編
藤原松三郎 著／浦川 肇・高木 泉・藤原毅夫 編著
A5・604頁・定価 8250 円（本体 7500 円＋税 10%）
ISBN978-4-7536-0161-5

代数学　第2巻　改訂新編
藤原松三郎 著／浦川 肇・高木 泉・藤原毅夫 編著
A5・720頁・定価 8580 円（本体 7800 円＋税 10%）
ISBN978-4-7536-0162-2

http://www.rokakuho.co.jp/